丛书总主编：孙鸿烈　于贵瑞　欧阳竹　何洪林

中国生态系统定位观测与研究数据集

农田生态系统卷

广西环江站

（2005—2009）

苏以荣　傅　伟　主编

U0239020

中国农业出版社

图书在版编目（CIP）数据

中国生态系统定位观测与研究数据集. 农田生态系统卷. 广西环江站：2005～2009 / 孙鸿烈等主编；苏以荣，傅伟分册主编. —北京：中国农业出版社，2011.11
ISBN 978-7-109-16183-2

Ⅰ.①中… Ⅱ.①孙…②苏…③傅… Ⅲ.①生态系统-统计数据-中国②农田-生态系统-统计数据-环江毛南族自治县- 2005～2009 Ⅳ.①Q147②S181

中国版本图书馆 CIP 数据核字（2011）第 212421 号

中国农业出版社出版
（北京市朝阳区农展馆北路 2 号）
（邮政编码 100125）
责任编辑 刘爱芳

中国农业出版社印刷厂印刷 新华书店北京发行所发行
2012 年 1 月第 1 版 2012 年 1 月北京第 1 次印刷

开本：889mm×1194mm 1/16 印张：8
字数：215 千字
定价：45.00 元
（凡本版图书出现印刷、装订错误，请向出版社发行部调换）

中国生态系统定位观测与研究数据集

丛书编委会

主　编　孙鸿烈　于贵瑞　欧阳竹　何洪林

编　委（按照拼音顺序排列，排名不分先后）

曹　敏	董　鸣	傅声雷	郭学兵	韩士杰
韩晓增	韩兴国	胡春胜	雷加强	李　彦
李新荣	李意德	刘国彬	刘文兆	马义兵
欧阳竹	秦伯强	桑卫国	宋长春	孙　波
孙　松	唐华俊	汪思龙	王　兵	王　堃
王传宽	王根绪	王和洲	王克林	王希华
王友绍	项文化	谢　平	谢小立	谢宗强
徐阿生	徐明岗	颜晓元	于　丹	张　偲
张佳宝	张秋良	张硕新	张宪洲	张旭东
张一平	赵　明	赵成义	赵文智	赵新全
赵学勇	周国逸	朱　波	朱金兆	

中国生态系统定位观测与研究数据集
农田生态系统卷·广西环江站

编委会

主　　编：苏以荣　　傅　伟

成　　员：苏以荣　　傅　伟　　易爱军　　张　伟

编　　委：王久荣　　林海飞　　王克林　　谭支良　　曾馥平

　　　　　陈洪松　　肖润林　　宋同清　　张明阳　　曾昭霞

　　　　　何寻阳　　王　敏　　宋希娟　　郑　华　　祁向坤

　　　　　黎　蕾

　　随着全球生态和环境问题的凸显，生态学研究的不断深入，研究手段正在由单点定位研究向联网研究发展，以求在不同时间和空间尺度上揭示陆地和水域生态系统的演变规律、全球变化对生态系统的影响和反馈，并在此基础上制定科学的生态系统管理策略与措施。自20世纪80年代以来，世界上开始建立国家和全球尺度的生态系统研究和观测网络，以加强区域和全球生态系统变化的观测和综合研究。2006年，在科技部国家科技基础条件平台建设项目的推动下，以生态系统观测研究网络理念为指导思想，成立了由51个观测研究站和一个综合研究中心组成的中国国家生态系统观测研究网络（National Ecosystem Research Network of China，简称CNERN）。

　　生态系统观测研究网络是一个数据密集型的野外科技平台，各野外台站在长期的科学研究中，积累了丰富的科学数据，这些数据是生态学研究的第一手原始科学数据和国家的宝贵财富。这些台站按照统一的观测指标、仪器和方法，对我国农田、森林、草地与荒漠、湖泊湿地海湾等典型生态系统开展了长期监测，建立了标准和规范化的观测样地，获得了大量的生态系统水分、土壤、大气和生物观测数据。系统收集、整理、存储、共享和开发应用这些数据资源是我国进行资源和环境的保护利用、生态环境治理以及农、林、牧、渔业生产必不可少的基础工作。中国国家生态系统观测研究网络的建成对促进我国生态网络长期监测数据的共享工作将发挥极其重要的作用。为切实实现数据的共享，国家生态系统观测研究网络组织各野外台站开展了数据集的编辑出版工作，借以对我国长期积累的生态学数据进行一次系统的、科学的整理，使其更好地发挥这些数据资源的作用，进一步推动数据的共享。

　　为完成《中国生态系统定位观测与研究数据集》丛书的编纂，CNERN综合研究中心首先组织有关专家编制了《农田、森林、草地与荒漠、湖泊湿地海湾生态系统历史数据整理指南》，各野外台站按照指南的要求，系统地开展了数据整理与出版工作。该丛书包括农田生态系统、草地与荒漠生态系统、森林生态系统以及湖泊湿地海湾生态系统共4卷、51册，各册收集整理了各野外台站的元数据信息、观测样地信息与水分、土壤、大气和生物监测信息以及相关研究成果的数据。相信这一套丛书的出版将为我国生态系统的研究和相关生产活动提供重要的数据支撑。

孙鸿烈

2010 年 5 月

　　在国家科技基础条件平台建设项目"生态系统网络的联网观测研究及数据共享系统建设"项目的支撑下，为进一步推动国家野外台站对历史资料的挖掘与整理，强化国家野外台站信息共享系统建设，丰富和完善国家野外台站数据库的内容，中国国家生态系统观测研究网络（CNERN）决定出版《中国生态系统定位观测与研究数据集》丛书。同时，为了更好的推动丛书的出版，"生态系统网络的联网观测研究及数据共享系统建设"项目组经多次讨论，编写了《农田、森林、草地与荒漠、湖泊湿地海湾生态系统历史数据整理指南》（以下简称编写指南）。本书为广西环江喀斯特农田生态系统国家野外科学观测研究站，依据农田生态系统研究站的编写指南编撰，以整理、搜集和共享环江站监测和研究数据的精华为宗旨，在对大量野外实测数据的统计汇编和精简编撰的基础上整合而成。内容主要分为观测研究样地背景信息、长期监测数据以及研究数据三部分。观测研究样地背景信息汇集了环江站所有长期监测数据、研究数据的观测场地和采样地的基本信息描述，主要通过调查手段获得；长期监测数据是针对环江为代表的喀斯特农田生态系统水分、土壤、气象及生物四大环境要素的长期定位观测、采样分析的生态过程数据；研究数据主要是以环江站为研究平台的项目、课题在实施期间产生的观测、采样、分析、调查数据。

　　本数据集第一章由苏以荣撰写；第二章、第三章由傅伟撰写；第四章由傅伟编写并提供水分监测数据，生物、气象监测数据由易爱军提供，土壤监测数据由张伟提供，分析数据由王久荣、林海飞提供；第五章由傅伟汇编，研究内容素材由王克林、谭支良、曾馥平、陈洪松、肖润林、宋同清、张明阳、曾昭霞、何寻阳、王敏、宋希娟、郑华、祁向坤等提供。全数据集由王克林指导、苏以荣审核并统稿，黎蕾参与了校对工作。受多种主客观因素的限制，书中错误之处在所难免，敬请批评指正。

本数据集可供大专院校、科研院所和对其涉及的研究领域或者研究区域感兴趣的广大科技工作者参考和使用，如果在数据使用过程中存在疑虑或者尚需共享其他时间步长、时间序列的数据，请直接联系本数据集的编者或登陆环江站共享数据平台网站（http：//data.ecokarst.isa.ac.cn），根据数据服务条例，在线递交数据服务申请，由数据管理员受理相关事宜。

最后，在本数据集汇编完成之际，我们要对长期坚守一线的观测、实验分析人员与研究人员表示崇高的敬意和衷心的感谢。正是他们的辛勤劳动和无私奉献，所取得的长期、规范的观测数据，以及由这些数据形成的研究结果，构成了本数据集的基本素材。

编　者

2009 年 11 月

□□□□□□□□□□□□□□□□□□□□□□□□□□□□□

第一章

引　言

1.1　环江站简介

中国科学院环江喀斯特生态试验站（图1-1）筹建于2000年5月，2005年12月14日通过评审进入国家生态环境野外科学观测研究站建设期，2007年进入中国生态研究网络（CERN）。环江喀斯特站采取"一站四点"的网络式布局，由核心试验园区（木连）、辐射试验示范园区（古周和肯福）和顶级群落试验区（木伦国家级自然保护区）组成。核心试验园区位于广西壮族自治区环江毛南族自治县大才乡境内（东经108°18′至108°20′，北纬24°43′至24°45′），面积达146.1hm²，海拔高度272.0～647.2m，年均降水量1 389.1mm，年均气温19.9℃，为典型的喀斯特峰丛洼地生态系统，代表中亚热带湿润地区—黔桂喀斯特常绿阔叶林—农业生态区（VA4），具有良好的区域代表性和生态系统类型代表性。环江喀斯特站距金城江市30 km，离柳州市180 km，交通便利，具有良好的区位优势。

图1-1　环江喀斯特生态试验站及综合办公楼

环江站目前建有1 100m²的综合办公楼、1 500m²的实验楼，实验设备包括原子吸收仪、紫外分光光度计、热能仪、流动注射仪等大型仪器20多台；野外试验设施完备，分别设置了农业生态系统长期综合试验场（图1-2）、辅助观测场、站区调查点、水分观测样地以及气象观测场，配备了气象自动（人工）观测系统、水面蒸发系统、光合作用仪、植物冠层分析仪、森林（农田）小气象自动观测系统、米级精度差分地理定位系统等试验监测调查设备。

图1-2　环江站喀斯特生态试验站试验场及气象观测场

1.2　环江站建立背景

我国西南喀斯特地区面积约 54 万 km^2，是全球三大喀斯特集中分布区中连片裸露碳酸盐岩面积最大和生态最脆弱的地区，与黄土高原同为我国贫困与环境退化问题最为突出的地区。该地区总人口超过 1 亿，居住着 48 个少数民族的 2 000 万人口，是我国南方的主要贫困地区，全国近 1/2 的贫困人口集中于此。从 20 世纪 90 年代开始，为实现大石山区生态重建和脱贫致富的双重目标，中国科学院亚热带农业生态研究所和广西区科技厅、扶贫办等单位合作，通过扶贫开发和异地安置，建立了环江喀斯特生态移民示范区（古周和肯福），并创建了"科技单位+公司+示范基地+农户"的企业化科技扶贫创新机制。2000 年 4 月 5 日，中国科学院陈宜瑜副院长视察环江喀斯特生态移民示范区，提出了建立喀斯特生态站的要求，亚热带农业生态研究所随即启动了环江喀斯特站的筹建工作；2005 年 7 月 13～14 日，白春礼常务副院长视察环江喀斯特站，提出"尽快建设成为中国生态系统研究网络（CERN）台站和国家野外科学观测研究站"的要求；2005 年 12 月 14 日，环江喀斯特站通过评审，进入国家野外科学观测研究站建设期；2006 年 12 月 6 日，李家洋副院长视察环江喀斯特站，并为中国科学院环江喀斯生态系统观测研究站揭牌；2007 年 5 月 28 日，环江喀斯特站通过了中国科学院资源与环境科学技术局组织的进入 CERN 的现场考核；2007 年 11 月 28～29 日，环江喀斯特站通过了国家野外科学观测研究站专家组的现场检查；2007 年 12 月 5 日，广西区首个水土保持科技示范园区在环江喀斯特站挂牌。目前，环江喀斯特站已成为西南喀斯特地区唯一的农业生态系统长期野外定位观测研究站，具有监测、研究与试验示范的良好条件。自 2000 年建站以来，环江喀斯特站承担和完成研究课题共计 40 余项，总经费约 2 800 万元，其中国家拨款占 30%，中国科学院拨款占 60%。环江喀斯特站异地扶贫开发研究与示范项目的成功经验，得到广西区各级政府、国务院有关部门及联合国教科文组织的重视与肯定，为广西喀斯特山区扶贫开发与生态建设提供了示范样板。

1.3　研究方向

环江站的研究方向是：瞄准喀斯特生态系统生态学国际前沿与国家西部开发的战略需求，围绕西南喀斯特地区退化生态系统恢复重建与农业可持续发展的科学问题，以生态系统定位观测研究为基础，探索喀斯特生态系统演替过程，揭示其退化机制，建立退化生态系统人为调控技术体系与模式，为国内外相同类型区生态重建和社会经济可持续发展提供研究平台。

目前进行的研究内容有：

(1) 喀斯特生态系统演替过程及其生态效应；

(2) 喀斯特生态系统退化机理与恢复技术；

(3) 喀斯特生态系统服务功能评估与健康评价；

(4) 喀斯特生态系统可持续发展模式与优化管理对策。

1.4　研究成果

8 年来，环江站承担了"国家自然科学基金"、"国家科技支撑计划"、"中科院西部行动计划"、"中国科学院农业项目办"、"中国科学院'西部之光'人才培养计划"、"中科院知识创新重要方向项目"、"广西区科技攻关"、"新西兰政府对外援助项目中国项目"等国内省部级与国际合作研究课题，并取得了较好的研究成果，其中依托本站实验条件的"西南喀斯特地区农村经济发展模式与试验示范"研究成果于 2004 年入选中国科学院知识创新工程重大科技成就 90 项成果之一，另有 2 项成果分别获 2005、2006 年度湖南省科技进步一等奖，2 项成果分获 2006 年度广西区科技进步三等奖与 2007 年度广西区科技进步二等奖。已发表论文 127 篇，其中 SCI/EI/ISTP 收录论文 21 篇；专利 4 项，其中授权发明专利 3 项，受理发明专利 1 项；截至目前，环江喀斯特生态站已培养出硕士研究生 19 名、博士研究生 3 名，另有在读的硕士、博士研究生 26 名，其中有 2 人获中国科学院奖学金，1 人被评为中国科学院研究生院优秀毕业研究生，3 人被评为"三好"学生。

1.5　合作交流

随着环江站初期建设任务的结束，台站的监测、研究工作逐步步入正轨，本着提高环江站科研能力，扩大环江站的社会影响，在联合、开放、流动建站的思想指导下，近两年环江站积极加强台站对外合作与交流工作。自 2007 年以来，环江站取得的科研成果分别在国内外相关研究领域的学术研讨会上交流达十余次。同时，环江站在项目研究的基础上先后与中国科学院地球化学研究所、成都山地与灾害研究所、河海大学建立了合作关系，向院内兄弟单位及高校开放了相关研究试验的条件。另外，分别与湖南师范大学、湖南农业大学、南京农业大学、西南大学、华中农业大学、甘肃农业大学、广西师范大学、广西大学等高校建立了联合培养研究生的机制，目前已毕业联合培养生 5 名，在读的 15 名。

在国际合作方面，5 年来环江站利用野外试验平台优势积极拓展国际合作，承担了如"新西兰政府对外援助项目—中新合作项目'广西岩溶区生态恢复—土地综合利用与小农户发展模式研究'"；美国东田纳西州立大学学者章春华分别于 2007 年 6 月、2008 年 7 月在环江站做了短期访问，就联合开展喀斯特生态环境的遥感应用研究做筹备工作。

第二章

数据资源目录

2.1 生物数据资源目录

数据集名称： 农田作物种类与产值

数据集摘要： 包括 8 块生物监测样地上的双季水稻、玉米、大豆、牧草、甘蔗、桑树等 6 种作物每年 12 个生育季期间的作物类、作物名称、作物品种、播种量、播种面积、单产、直接成本、产值等数据

数据集时间范围： 2006—2007 年

数据集名称： 农田复种指数与典型地块作物轮作体系

数据集摘要： 包括 8 块生物监测样地的复种指数及其轮作双季水稻、玉米、大豆、牧草、甘蔗、桑树等 6 种作物每年 12 个生长季期间的作物总类和产量数据

数据集时间范围： 2006—2007 年

数据集名称： 农田主要作物肥料投入情况

数据集摘要： 包括喀斯特农业生态区农田主要作物肥料投入情况

数据集时间范围： 2006—2007 年

数据集名称： 农田主要作物农药除草剂生长剂等投入情况

数据集摘要： 包括 8 块生物监测样地 12 季作物全生育期内施用的药剂类别、药剂名称、主要有效成分、施用时间、施药时地作物生育时期、施用方式、施用量等数据

数据集时间范围： 2006—2007 年

数据集名称： 农田灌溉制度

数据集摘要： 记录双季水稻样地全生育期内的人工灌溉数据，如灌溉时间、作物生育时期、灌溉水源、灌溉方式、灌溉量等

数据集时间范围： 2006—2007 年

数据集名称： 水稻物候观测

数据集摘要： 包括双季水稻样地早晚稻品种、育秧方式、播种期、出苗期、三叶期、移栽期、返青期、分蘖期、拔节期、抽穗期、蜡熟期、收获期等数据

数据集时间范围： 2006—2007 年

数据集名称： 玉米物候观测

数据集摘要： 包括 4 块玉米/大豆样地上不同玉米品种的品种名称、播种期、出苗期、五叶期、

拔节期、抽雄期、吐丝期、成熟期、收获期等数据

数据集时间范围：2006—2007 年

数据集名称：**大豆物候观测**

数据集摘要：包括 3 块玉米/大豆 样地上不同大豆的品种名称、播种期、出苗期、开花期、结荚期、鼓粒期、成熟期、收获期等数据

数据集时间范围：2006—2007 年

数据集名称：**作物叶面积与生物量动态**

数据集摘要：包括 6 块生物监测样地早晚稻 2 季、玉米 2 个品种、大豆 2 个品种、牧草、甘蔗、桑树各一个品种的代表性生育期的植株群体生长形状考察，如密度、群体高度、叶面积指数、地上部总鲜重、茎干重、叶干重、地上部总干重等生长发育动态指标

数据集时间范围：2006—2007 年

数据集名称：**水稻收获期植株性状与产量**

数据集摘要：包括早晚稻两季 2 个品种的收获期植株性状考察数据，如作物品种、作物生育时期、样方号、调查穴数、株高、单穴总茎数、单穴总穗数、每穗粒数、每穗实粒数、千粒重（g）、地上部总干重（g/穴）、籽粒干重（g/穴）等

数据集时间范围：2006—2007 年

数据集名称：**玉米收获期植株性状与产量**

数据集摘要：考察了综合观测场、旱地小区和站区调查点 3 种玉米品种的收获期植株性状和生物量等，如：作物品种、作物生育时期、株高、结穗高度、茎粗、空秆率、果穗长度、果穗结实长度、穗粗、穗行数、行粒数、百粒重、地上部总干重、籽粒干重等

数据集时间范围：2006—2007 年

数据集名称：**大豆收获期植株性状与产量**

数据集摘要：考察了综合观测场、旱地小区和站区调查点 3 地大豆的收获期植株性状和生物量等，如：作物品种、作物生育时期、调查株数、株高、茎粗、单株荚数、每荚粒数、百粒重、地上部总干重、籽粒干重等

数据集时间范围：2006—2007 年

数据集名称：**农田作物矿质元素含量与能值**

数据集摘要：测定了早晚稻、玉米、大豆、桑叶、甘蔗、牧草主要品种、主要代表性生育期间的不同植株器官组织样品的矿物质含量与能值

数据集时间范围：2006—2007 年

2.2 土壤数据资源目录

数据集名称：**交换量**

数据集摘要：表层土壤阳离子交换量和交换性阳离子：交换性钙、镁、钾、钠；土壤交换性铝、氢；每 5 年 1 次，采样重复数 6 个

数据集时间范围：2006—2007 年

数据集名称：土壤养分
数据集摘要：土壤全量及速效氮磷钾含量
数据集时间范围：2006—2007 年

数据集名称：土壤矿质全量
数据集摘要：样地土壤矿质元素含量
数据集时间范围：2006—2007 年

数据集名称：微量元素和重金属
数据集摘要：显示土壤微量元素和重金属，共计 14 种元素
数据集时间范围：2006—2007 年

数据集名称：机械组成
数据集摘要：土壤不同粒径土壤含量和土壤质地
数据集时间范围：2006—2007 年

数据集名称：容重
数据集摘要：不同层次土壤容重
数据集时间范围：2006—2007 年

数据集名称：土壤养分肥料长期试验
数据集摘要：土壤养分肥料长期试验，全量和速效氮/磷/钾含量
数据集时间范围：2006—2007 年

数据集名称：长期采样地空间变异调查
数据集摘要：土壤养分，每 5×5m^2 范围内 10 点混合一个表层土壤样
数据集时间范围：2006—2007 年

数据集名称：土壤剖面调查
数据集摘要：典型试验观测场地具有当地代表性土壤的剖面调查
数据集时间范围：2006—2007 年

2.3 水分数据资源目录

数据集名称：农田生态系统土壤水分含量表
数据集摘要：包括喀斯特环江试验站各个监测样地不同层次土壤水分含量，采用 TDR 水分剖面仪观测：雨季每 5 天 1 次，旱季每 10 天 1 次
数据集时间范围：2006—2007 年

数据集名称：农田生态系统地表水、地下水水质状况表

数据集摘要：农田生态系统固定地表水地下水水质状况表，测定指标包括水温、水质表现性状、pH、Ca^{2+}、Mg^{2+}、K^+、Na^+、CO_3^{2-}、HCO_3^-、Cl^-、SO_4^{2-}、PO_4^{3-}、矿化度、COD、DO、NH_4^+、NO_3^-、TN、TP；每年雨季和旱季分别采样分析一次

数据集时间范围：2006—2007 年

数据集名称：农田生态系统地下水位记录表

数据集摘要：包括喀斯特环江试验站各个地下潜水水位动态观测记录，观测频度：雨季 1 次/5 天，旱季每 10 天 1 次

数据集时间范围：2006—2007 年

数据集名称：农田生态系统土壤水分常数表

数据集摘要：提供包括喀斯特环江试验站综合观测场、气象场地土壤水分常数数据，包括土壤类型、质地、持水量、凋萎系数、空隙度、容重、土壤水分特征曲线等，每 5 年 1 次

数据集时间范围：2006—2007 年

数据集名称：水面蒸发量表

数据集摘要：自由水面水分蒸发量（E601 测定）

数据集时间范围：2006—2007 年

数据集名称：雨水水质表

数据集摘要：雨水水质，测定指标包括水温、水质表现性状、pH、SO_4^{2-}、非溶性物质总量，测定时间每年 1、4、7、10 月各一次

数据集时间范围：2006—2007 年

数据集名称：农田生态系统水质分析方法信息表

数据集摘要：各项水质指标的分析方法信息

数据集时间范围：2006—2007 年

2.4 气象数据资源目录

数据集名称：人工大气观测风温湿日照日值

数据集摘要：包括人工气象站逐日 8：00、14：00、20：00 三次观测的大气压、气温、湿球温度、相对湿度、风向、风速、地表温度等，以及逐日最高最低气温和最高最低地表温度；以及每天白天每小时日照时数和全天日照总小时数和总分钟数

数据集时间范围：2005 年 8 月—2007 年 12 月

数据集名称：人工大气观测风温湿日照月值

数据集摘要：包括人工气象站逐月 8：00、14：00、20：00 3 次观测的大气压、气温、湿球温度、相对湿度、风向、风速、地表温度等的月平均数

数据集时间范围：2005 年 8 月—2007 年 12 月

数据集名称：人工大气观测降水蒸发能见度日值

数据集摘要：包括每天 8：00 和 20：00 两次人工观测的逐日降水量和日蒸发量数据

数据集时间范围：2005 年 8 月—2007 年 12 月

数据集名称：自动站逐日太阳辐射总量及其累计值

数据集摘要：包括自动站逐日的总辐射总量、反射辐射总量、紫外辐射总量、净辐射总量、光合有效辐射总量等，以及日照小时数、日照分钟数的日值

数据集时间范围：2005 年 8 月—2007 年 12 月

数据集名称：自动站逐月太阳辐射总量及其累计值

数据集摘要：包括自动站每年 1～12 月的每日总辐射总量、反射辐射总量、紫外辐射总量、净辐射总量、光合有效辐射总量等的月平均值，以及日照小时数、日照分钟数的月平均值

数据集时间范围：2005 年 8 月—2007 年 12 月

数据集名称：自动站逐日太阳辐射极值及其出现时间

数据集摘要：包括每天的总辐射、反射辐射、紫外辐射、净辐射、光合有效辐射、土壤热通量等的分钟极值及其在每天中出现的时间

数据集时间范围：2005 年 8 月—2007 年 12 月

数据集名称：自动站逐月太阳辐射极值及其出现时间

数据集摘要：每年每月的总辐射总量、反射辐射总量、紫外辐射总量、净辐射总量、光合有效辐射总量等的日极值及其出现的日期和时间

数据集时间范围：2005 年 8 月—2007 年 12 月

数据集名称：2007 年自动站每日逐时太阳辐射和累计值

数据集摘要：包括 2007 年度自动站的太阳辐射观测记录：每日逐时太阳辐射辐照度、瞬时土壤热通量（W/m²）和逐时太阳辐射曝辐量、累计土壤热通量（MJ/m²）、PAR 单位每日逐时光量子（μmol/m² · s）、每日逐时通量密度（mol/m² · s）

数据集时间范围：2007 年

数据集名称：自动站每日逐时水气压

数据集摘要：包括自动站每日每小时的水汽压数值

数据集时间范围：2005 年 8 月—2007 年 12 月

数据集名称：自动站逐日水气压

数据集摘要：包括自动站每日的水汽压小时平均数值与小时极值

数据集时间范围：2005 年 8 月—2007 年 12 月

数据集名称：自动站逐月水气压

数据集摘要：包括自动站每月的水汽压日平均数值与日极值

数据集时间范围：2005 年 8 月—2007 年 12 月

数据集名称：自动站每日逐时海平面气压

数据集摘要：包括自动站每日的每小时的海平面气压数值
数据集时间范围：2005 年 8 月—2007 年 12 月

数据集名称：自动站逐日海平面气压
数据集摘要：包括自动站每日的海平面气压小时平均数值与小时极值
数据集时间范围：2005 年 8 月—2007 年 12 月

数据集名称：自动站逐月海平面气压
数据集摘要：包括自动站每月的海平面气压日平均数值与日极值
数据集时间范围：2005 年 8 月—2007 年 12 月

数据集名称：自动站每日逐时大气压
数据集摘要：包括自动站每日每小时的大气压数值
数据集时间范围：2005 年 8 月—2007 年 12 月

数据集名称：自动站逐日大气压
数据集摘要：包括自动站每日的大气压小时平均数值与小时极值
数据集时间范围：2005 年 8 月—2007 年 12 月

数据集名称：自动站逐月大气压
数据集摘要：包括自动站每月的大气压日平均数值与日极值
数据集时间范围：2005 年 8 月—2007 年 12 月

数据集名称：自动站每日逐时降水
数据集摘要：包括自动站每日逐时降水量
数据集时间范围：2005 年 8 月—2007 年 12 月

数据集名称：自动站逐日降水
数据集摘要：包括自动站每日降水量日值
数据集时间范围：2005 年 8 月—2007 年 12 月

数据集名称：自动站逐月降水
数据集摘要：包括自动站每月降水量合计值
数据集时间范围：2005 年 8 月—2007 年 12 月

数据集名称：自动站每日逐时相对湿度
数据集摘要：包括自动站每日逐时相对湿度数值
数据集时间范围：2006—2007 年

数据集名称：自动站逐日相对湿度
数据集摘要：包括自动站每日相对湿度的小时平均值
数据集时间范围：2006—2007 年

数据集名称：自动站逐月相对湿度
数据集摘要：包括自动站每月相对湿度的日平均值
数据集时间范围：2006—2007 年

数据集名称：自动站每日逐时气温
数据集摘要：包括自动站每日逐时气温值
数据集时间范围：2006—2007 年

数据集名称：自动站逐日气温
数据集摘要：包括自动站每日气温的小时平均值
数据集时间范围：2006—2007 年

数据集名称：自动站逐月气温
数据集摘要：包括自动站每月气温的日平均值
数据集时间范围：2006—2007 年

数据集名称：自动站每日逐时露点温度
数据集摘要：包括自动站每日逐时露点温度值
数据集时间范围：2006—2007 年

数据集名称：自动站逐日露点温度
数据集摘要：包括自动站每日露点温度的小时平均值
数据集时间范围：2006—2007 年

数据集名称：自动站逐月露点温度
数据集摘要：包括自动站每月露点温度的日平均值
数据集时间范围：2006—2007 年

数据集名称：自动站每日逐时地表温度
数据集摘要：包括自动站每日逐时地表温度值
数据集时间范围：2006—2007 年

数据集名称：自动站逐日地表温度
数据集摘要：包括自动站每日地表温度的小时平均值
数据集时间范围：2006—2007 年

数据集名称：自动站逐月地表温度
数据集摘要：包括自动站每月地表温度的日平均值
数据集时间范围：2005 年 8 月～2007 年 12 月

数据集名称：自动站每日逐时地温
数据集摘要：包括自动站每日逐时 5cm、10cm、15cm、20cm、40cm、60cm、100cm 地温值

数据集时间范围：2005 年 8 月～2007 年 12 月

数据集名称：自动站逐日地温
数据集摘要：包括自动站每日 5cm、10cm、15cm、20cm、40cm、60cm、100cm 地温的小时平均值。
数据集时间范围：2005 年 8 月～2007 年 12 月

数据集名称：自动站逐月地温
数据集摘要：包括自动站每月 5cm、10cm、15cm、20cm、40cm、60cm、100cm 地温的日平均值。
数据集时间范围：2005 年 8 月～2007 年 12 月

数据集名称：自动站每日逐时平均风速
数据集摘要：包括自动站每日逐时 2min、10min 平均风速值。
数据集时间范围：2005 年 8 月～2007 年 12 月

数据集名称：自动站逐日平均风速
数据集摘要：包括自动站每日 2min、10min 平均风速的小时平均值。
数据集时间范围：2005 年 8 月～2007 年 12 月

数据集名称：自动站逐月平均风速
数据集摘要：包括自动站每月 2min、10min 平均风速的日平均值。
数据集时间范围：2005 年 8 月～2007 年 12 月

数据集名称：自动站每日逐时平均风风向
数据集摘要：包括自动站每日逐时 2min、10min 平均风向值。
数据集时间范围：2005 年 8 月～2007 年 12 月

数据集名称：自动站每日逐时极大风速
数据集摘要：包括自动站每日逐时 10min、1h 极大风速值。
数据集时间范围：2005 年 8 月～2007 年 12 月

数据集名称：自动站逐月极大风速
数据集摘要：包括自动站逐月 10min、1h 极大风向的日平均值。
数据集时间范围：2005 年 8 月～2007 年 12 月

数据集名称：自动站每日逐时 10min 极大风向
数据集摘要：包括自动站每日逐时 10min 极大风向值。
数据集时间范围：2005 年 8 月～2007 年 12 月

数据集名称：自动站逐日 1h 极大风速
数据集摘要：包括自动站每日 1h 极大风速值。
数据集时间范围：2005 年 8 月～2007 年 12 月

第三章

观测场和采样地

3.1 概述

环江农田站目前设有 14 个观测场，26 个采样地（见表 3-1）。各个观测场的空间位置图（见图 3-1），包括气象观测场、农田综合环境要素观测场、农田辅助环境要素观测场、水分辅助观测场等观测场类型，其中除农田小气象观测场为环江站自有长期观测场地外，其余观测场均为环江站依照 CERN 联网监测规范布置的观测场地。长期观测的农作物包括玉米、黄豆、牧草、水稻、桑苗、甘蔗。

表 3-1 环江站观测场、采样地一览表

观测场名称	观测场代码	采样地名称	采样地代码
气象观测场	HJAQX01	人工气象观测样地	HJAQX01DRG_01
	HJAQX01	自动气象观测样地	HJAQX01DZD_01
	HJAQX01	气象场土壤水分长期观测样地（TDR 测管 2 根）	HJAQX01CTS_01
	HJAQX01	气象场小型蒸发皿 E601	HJAQX01CZF_01
	HJAQX01	气象场潜水水位观测井	HJAQX01CDX_01
	HJAQX01	气象场雨水采集器	HJAQX01CYS
农田小气象观测场	HJAQX02	古周农田小气候观测样地	HJAQX02DXQ_01
	HJAQX02	木伦农田小气候观测样地	HJAQX02DXQ_02
旱地综合观测场	HJAZH01	旱地综合观测场水分、土壤、生物采样地	HJAZH01ABC_01
	HJAZH01	旱地综合观测场潜水水位观测井	HJAZH01CDX
	HJAZH01	旱地综合观测场烘干法采样点	HJAZH01CHG_01
	HJAZH01	旱地综合观测场土壤水分观测样地（TDR 测管 3 根）	HJAZH01CTS_01
旱地辅助观测场	HJAFZ01	旱地土壤、生物、水分辅助观测采样地（6 种处理、4 个重复）	HJAFZ01ABC_01
	HJAFZ01	旱地辅助观测场土壤水分观测采样地（TDR 测管 6 根）	HJAFZ01CTS_01
坡地辅助观测场（草本饲料区）	HJAFZ02	坡地草本饲料辅助观测场水分、土壤、生物采样地	HJAFZ02ABC_01
	HJAFZ02	坡地草本饲料辅助观测场土壤水分观测样地（TDR 测管 4 根）	HJAFZ02CTS_01
坡地辅助观测场（顺坡垦植区）	HJAFZ03	坡地顺坡垦植辅助观测场水分、土壤、生物采样地	HJAFZ03ABC_01
	HJAFZ03	坡地顺坡垦植辅助观测场土壤水分观测样地（TDR 测管 4 根）	HJAFZ03CTS_01
水分辅助观测场（1）汇入水观测点	HJAFZ04	水分辅助观测场流动水观测点（水质）	HJAFZ04CLB_01
水分辅助观测场（2）溢流水观测点	HJAFZ05	水分辅助观测场溢出水观测点（水质、水量）	HJAFZ05CLB_01
水分辅助观测场（3）准静止水观测点	HJAFZ06	水分辅助观测场准静止水观测点（水质）	HJAFZ06CJB_01
水分辅助观测场（4）地下水观测点	HJAFZ07	水分辅助观测场地下水观测点（水位、水质）	HJAFZ07CDX_01

（续）

观测场名称	观测场代码	采样地名称	采样地代码
宜州市德胜镇地罗村站区调查点（宜州市德胜镇地罗村冷坡组）	HJAZQ01	环江站地罗村桑苗土壤生物采样地	HJAZQ01AB0_01
宜州市德胜镇地罗村站区调查点（宜州市德胜镇地罗村地罗组）	HJAZQ01	环江站地罗村玉米黄豆土壤生物采样地	HJAZQ01AB0_02
环江县思恩镇清潭村站区调查点（环江县思恩镇清潭村下哨组）	HJAZQ02	环江站清潭村甘蔗土壤生物采样地	HJAZQ02AB0_01
环江县思恩镇清潭村站区调查点（环江县思恩镇清潭村内哨组）	HJAZQ02	环江站清潭村水田土壤生物采样地	HJAZQ02AB0_02

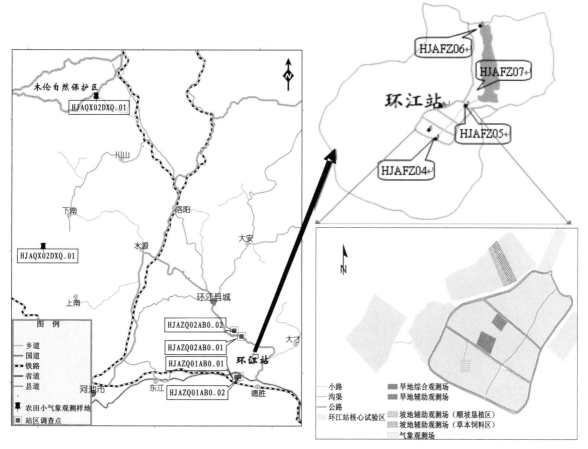

图 3-1　环江站观测场（地）空间位置图

3.2　观测场介绍

3.2.1　气象观测场（HJAQX01）

环江站气象观测场（如图 3-2）位于环江喀斯特生态试验站核心试验园区内，建于 2005 年，定位为长期观测，处于峰丛洼地山麓缓坡之上，四周空旷平坦，未种植高秆作物，没有高大建筑物、树木的遮挡。观测场中心点坐标：东经 108°19′53.0″，北纬 24°44′37.1″，海拔 279m，观测场占地

0.062 5hm²（25m × 25m），正方形。气象观测场内种植人工草坪，土壤类型属于钙质湿润富铁土，土壤剖面分层情况：原始耕作层（0～15cm）、原始亚耕作层（15～29cm）、淋溶层（29～55cm）、淀积层（55～104cm）。

图 3-2　环江站气象观测场

气象观测场观测内容包括大气和水分两方面（具体观测项目可见各观测样地介绍）。共设置观测、采样地 6 个，包括：①气象场土壤水分长期观测样地（HJAQX01CTS＿01）：2 根 TDR 管分别位于西北、东南角；②气象场小型蒸发皿 E601（HJAQX01CZF＿01）；③气象场潜水水位观测井（HJAQX01CDX＿01）；④气象场雨水采集器（HJAQX01CYS＿01，HJAQX01CYS＿02）；⑤人工气象观测样地（HJAQX01DRG＿01）；⑥自动气象观测样地（HJAQX01DZD＿01）。各样地在气象观测场的具体位置见图 3-3，"气象场内气象、水分观测设施分布图及编码"，一口地下潜水水位观测井布置于场地护栏外的西南角。

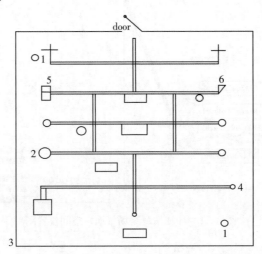

图 3-3　气象观测场内观测采样地设施分布图

注释：1. TDR 水分仪观测点：HJAQX01CTS＿01；2. E601 自动蒸发皿：HJAQX01CZF＿01；3. 潜水水位观测井：HJAQX01CDX＿01；4. 雨水采集器：HJAQX01CYS＿01，HJAQX01CYS＿02；5. 人工气象观测系统：HJAQX01DRG＿01；6. 自动气象观测系统：HJAQX01DZD＿01

3.2.1.1　气象场土壤水分长期观测样地（HJAQX01CTS＿01）

气象观测场土壤水分长期观测样地 2006 年建立，分别布设在气象场地内的西北角、东南角，长期观测不同土壤层次（0～70cm）的水分含量，每10cm为一个观测层。土壤水分采用TDR水分剖面仪观测：雨季（4～9月）每5d1次，旱季（10月～次年3月）每10d1次。此外，气象观测场内土壤的水分特征参数（包括土壤完全持水量、土壤田间持水量、土壤凋萎系数、土壤容重、土壤孔隙度、土壤水分特征参数等）每5年采样分析一次。

3.2.1.2 气象场小型蒸发皿 E601（HJAQX01CZF＿01）

E601测量水面蒸发量，水面蒸发采用自动和人工两种观测：1次/d。

3.2.1.3 气象场潜水水位观测井（HJAQX01CDX＿01）

观测气象观测场地地下潜水水位动态变化，观测频度与土壤水分含量同步。

3.2.1.4 气象场雨水采集器（HJAQX01CYS）

测量雨水水质、雨水同位素。雨水水质分析样品采用收集器（HJAQX01CYS＿01）：采集1月、4月、7月、10月雨水，每年1月、4月、7月、10月的降水每月分别累计混合后取少量水样；雨水同位素采集器（HJAQX01CYS＿02）：每月收集混合雨水样。

3.2.1.5 人工气象观测样地（HJAQX01DRG＿01）

测量项目包括：

a. 天气状况：　　3次/d（8时、14时、20时）

b. 气压：　　　　3次/d（8时、14时、20时）

c. 风：　　　　　风向3次/d（8时、14时、20时）；风速3次/d（8时、14时、20时）

d. 空气温度：　　定时温度3次/d（8时、14时、20时）

　　　　　　　　最高温度1次/d（20时）

　　　　　　　　最低温度1次/d（20时）

e. 空气湿度：　　相对湿度3次/d（8时、14时、20时）

f. 降水：　　　　总量降水时测，2次/d（8时、20时）

g. 地表温度：　　定时地表温度3次/d（8时、14时、20时）

　　　　　　　　最高地表温度1次/d（20时）

　　　　　　　　最低地表温度1次/d（20时）

h. 日照时数：　　1次/d（日落）

i. 有雾日数：　　每日观测

3.2.1.6 自动气象观测样地（HJAQX01DZD＿01）

自动气象观测样地的观测项目同人工气象观测样地，监测频度分每小时、每日、每月三个时间尺度。

3.2.2 农田小气象观测场（HJAQX02）

喀斯特峰丛洼地农田小气象观测场建于2008年5月，作为长期观测试验设施，观测峰丛洼地农田小气候环境要素的变化规律。采样地分别设置在广西壮族自治区环江县木伦自然保护区边缘农作区与下南乡古周村农作区，经度范围：东经107°54′01″至108°05′51″，纬度范围：北纬24°54′42.6″至北纬25°12′22″。两个农田小气候观测场采样地均选择旱作农田生态系统试验地，布设农田小气候观测系统（图3-4）。采样地布设在典型喀斯特峰丛洼地中央平坦的低地中间，样地区域为10m×10m的正方形。该地区的地貌侵蚀类型为溶蚀。

两个农田小气象观测样地分别为古周农田小气候观测样地（HJAQX02DXQ＿01）和木伦农田小气候观测样地（HJAQX02DXQ＿02），具体位置见图3-1环江站观测场（地）空间位置图。观测项目包括：风速风向、空气温湿度、日照时数、净辐射、降水、相对湿度、大气压、土壤含水量、土壤温度等。

图 3-4　农田小气候观测系统

3.2.2.1　古周农田小气候观测样地（HJAQX02DXQ_01）

古周农田小气候观测样地位于环江县下南乡古周村，中心点地理坐标为：东经 107°57′03″，北纬 24°54′56″，站点海拔 376m，为典型的喀斯特峰丛洼地旱作农业生态系统，观测样地位于洼地处的平坦农田上。田间作物以玉米—黄豆轮作为主。

古周农田小气候观测样地自动监测气象要素指标包括风速风向、空气温湿度、日照时数净辐射、降水、相对湿度、大气压。另外有地下埋设的土壤含水量（10cm，20cm，30cm，40cm）；土壤温度传感器（0cm，5cm，10cm，15cm，20cm，25cm，30cm，40cm）。高精度数据采集系统（CR1000，USA）采用 1HZ 的取样频率，取样周期为 900s，每 1h 记录 1 次。

3.2.2.2　木伦农田小气候观测样地（HJAQX02DXQ_02）

木伦农田小气候观测样地位于环江县木伦乡木伦自然保护区外围农作区，中心点地理坐标为：东经 108°2′53″，北纬 25°8′51″，站点海拔 270m。木伦喀斯特自然保护区面积大，森林分布较完整、原生性强、覆盖率高，是中亚热带地区除了贵州茂兰之外的另一个保存得最好的喀斯特森林，在世界上也是罕见的。保护区年平均气温 19.3℃，≥10℃ 年积温 6 260℃，无霜期 310d，年降水量 1 529mm，年均相对湿度为 79%，气候条件优越，适宜植物以及其他生物的繁衍。林区石山裸露面积达 80%～90%，土壤主要为由白云岩、石灰岩风化形成的石灰土，局部出现由燧石灰岩风化形成的硅质土。该地区农田主要种植桑苗。

木伦农田小气候观测样地自动监测气象要素指标与古周观测样地相同，包含风速风向、空气温湿度、日照时数、净辐射、降水、相对湿度、大气压。另外有地下埋设的土壤含水量（10cm，20cm，30cm，40cm）；土壤温度传感器（0cm，5cm，10cm，15cm，20cm，25cm，30cm，40cm）。高精度数据采集系统（CR1000，USA）采用 1HZ 的取样频率，取样周期为 900s，每 1h 记录 1 次。

3.2.3　旱地综合观测场（HJAZH01）

旱地综合观测场（图 3-5）设在环江站核心试验区内，位于广西区环江县大才乡同进村木连屯，观测场经度范围：东经 108°19′24.66″ 至东经 108°19′26.64″，纬度范围：北纬 24°44′20.09″ 至北纬 24°44′22.05″。观测场 2006 年建立，设计永久使用。观测场占地面积 46m×35m，形状为长方形。该地海拔 278m，地形地貌为洼地，生态系统分区属黔桂喀斯特常绿阔叶林——农业生态区（VA4）。观测场蒸发量背景值为 1 571.1mm，日照时数背景值 1 451.1，无霜期为 329d，年均温 19.9℃，年降水 1 389mm，大于 10℃有效积温为 6 300℃。观测场全国第二次土壤普查其土类为石灰土，亚类属棕色石灰土；中国土壤系统分类名称为棕色钙质湿润富铁土；美国土壤系统分类名称为老成土，母质或母岩为石灰岩。其土壤剖面耕层 0～18cm，亚耕层 18～35cm，淋溶层 35～56cm，淀积层 56～100cm，母质层 100cm 以下。建站前土地利用方式为拓荒。观测场建立后，轮作体系以玉米＋黄豆旱地套种轮作，种植结构为双季（粮食、经济作物），耕作措施为畜力（牛耕）或机耕，施肥制度化肥＋有机肥，灌溉制度为雨水，集雨自流灌溉。

图 3-5　旱地综合观测场

　　观测场布设有土壤生物采样地（HJAZH01ABC＿01）、潜水水位观测井 1 号（HJAZH01CDX＿01）、潜水位观测井 2 号（HJAZH01CDX＿02）和土壤水分观测样地（HJAZH01CTS＿01），具体分布图如图 3-6 所示。

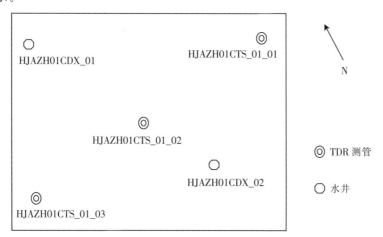

图 3-6　旱地综合观测场采样地分布图

3.2.3.1　旱地综合观测场水分、土壤、生物采样地（HJAZH01ABC＿01）

　　旱地综合观测场土壤生物采样地建于 2006 年，计划观测年数大于 99 年。样地中心点：东经 24°44′21.08″，北纬 108°19′25.61″；左下角：东经 24°44′20.87″，北纬 108°19′24.67″；右上角：东经 24°44′21.29″，北纬 108°19′26.61″。样地面积为 30m×30m，形状为正方形。生物样地为 7.5m×7.5m 正方形，土壤样地剖面样品 2m×2m 正方形，表层样品 7.5m×7.5m 正方形。样地选址尽量避免土层扰动、能代表综合场的土壤和作物水平。

观测项目包括：土壤有机质、氮、磷、钾养分、微量元素和重金属、pH、阳离子交换量、矿质全量、机械组成、容重、土壤微生物生物量碳、作物生育期、作物叶面积与生物量动态、作物收获期植株性状、耕层根系生物量、生物量与籽实产量、收获期植株各器官元素含量（C、N、P、K、Ca、Mg、S、Si、Zn、Mn、Cu、Fe、B、Mo）与能值、病虫害等。

生物采样：将采样区面积30m×30m，按7.5m×7.5m面积划分为16个采样区，每次从6个采样区内随机取得6份样品（例如，2007年在C、E、G、J、L、N区采样，图3-7）。采样设计编码：HJA（站名）—年份—样方—作物。

土壤采样分两种情况：

①土壤剖面（0～10cm、10～20cm、20～40cm、40～60cm、60～100cm）采样（图3-8）：

每5年采样一次：在BLOCK A～F中的1～16号码点采集；

每10年采样一次：在BLOCK A～D中的A～P和BLOCK E～F中的A～I号码点采集。

②表层（0～20cm）土壤，每年两次采样，分别在作物收获季进行（图3-9）：

表层土壤采样每年分别按照Ⅰ、Ⅱ、Ⅲ3种样方布置方式交替采样，每3年为一个交替周期。

3.2.3.2　旱地综合观测场潜水水位观测井（HJAZH01CDX）

观测场内设置两个潜水水位观测井，样地代码分别为HJAZH01CDX_01、HJAZH01CDX_02，在观测场中的位置见图3-6。潜水水位观测频率：雨季（4～9月）每5d 1次，旱季（10月～次年3月）每10d 1次。

3.2.3.3　旱地综合观测场土壤水分观测样地（HJAZH01CTS）

土壤水分观测样地分3个观测样点，于2007年建立，计划观测年数大于99年，3个观测地在旱地综合观测场的分布见图3-6，长期观测0～70cm土壤剖面的水分含量，每10cm为一个观测层；土壤水分采用TDR水分剖面仪观测：雨季（4～9月）每5d 1次，旱季（10月～次年3月）每10d 1次。此外，旱地综合观测场内土壤的水分特征参数（包括土壤完全持水量、土壤田间持水量、土壤凋萎系数、土壤容重、土壤孔隙度、土壤水分特征参数等）每5年采样分析一次。

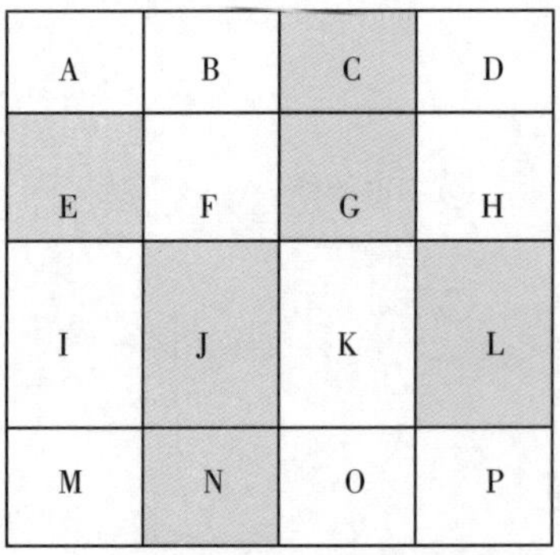

图3-7　旱地综合观测场生物样方及编码示意图

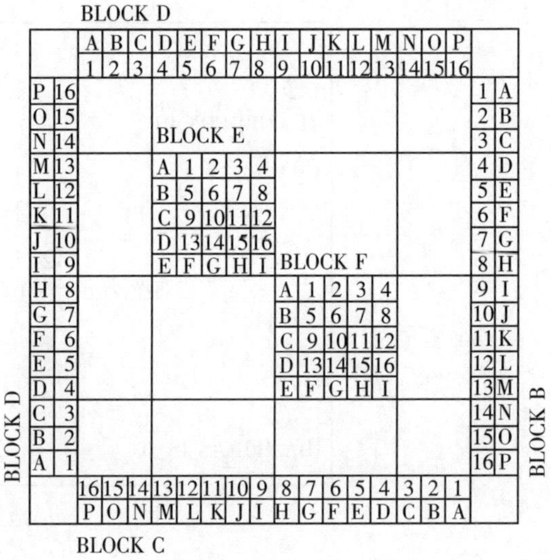

图3-8　旱地综合观测场剖面土壤样方及编码示意图

3.2.4　旱地辅助观测场（HJAFZ01）

旱地辅助观测场（图3-10）设在环江站核心试验区内，位于广西区环江县大才乡同进村木连屯，经度范围：东经108°19′26.42″至19′27.80″；纬度范围：北纬24°44′21.9″至44′23.29″。观测场

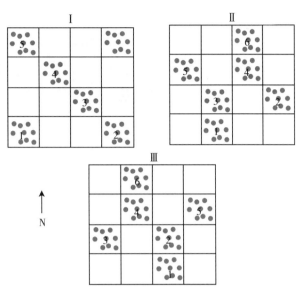

图 3-9　旱地综合观测场表层土壤样方及编码示意图

2006 年建立，设计使用年数大于 99 年。观测场占地面积 24m×30m，形状为长方形。该地海拔 278m，地形地貌为洼地。观测场蒸发量背景值为 1 571.1mm，日照时数背景值 1 451.1，无霜期为 329 天，年均温 19.9℃，年降水 1 389mm，大于 10℃有效积温为 6 300℃。观测场全国第二次土壤普查其土类为石灰土，亚类属棕色石灰土；中国土壤系统分类名称为棕色钙质湿润富铁土；美国土壤系统分类名称为老成土，母质或母岩为石灰岩。观测场土壤剖面特征：耕作层 0~16cm，亚耕作层 16~25cm，淋溶层 25~43cm，漂洗层 43~70cm，淀积层 70cm 以下。观测场水分来源主要以降水为主，灌溉能力一般。建站前土地利用方式为拓荒。观测场建立后，轮作体系为玉米＋黄豆旱地套种轮作，种植结构为双季（粮食、经济作物），耕作措施为畜力（牛耕），施肥制度分为不施肥、化肥及不同有机无机肥结合施用方式等 6 种处理，4 个重复，灌溉制度为雨水，集雨自流灌溉。

图 3-10　旱地辅助观测场

　　观测场中所有观测及采样地包括土壤生物采样地（HJAFZ01ABC＿01）和土壤水分观测样地（HJAFZ01CTS＿01），具体分布见图 3-11。

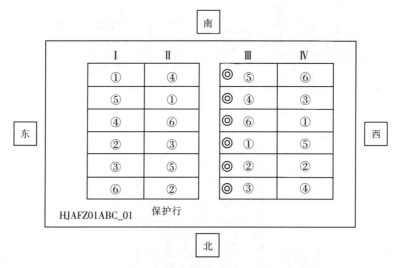

图 3-11　观测场中所有样地综合配置分布图

3.2.4.1　旱地辅助土壤、生物水分、观测采样地（HJAFZ01ABC_01）

采样地建立在站区中心部位，旱地综合观测场附近，便于开展与综合观测场相对照的比较试验，2006 年正式建成，计划观测年数大于 99 年。样地面积：$24 \times 4 \times 7.5 m^2$，形状为长方形。样地中心点：东经 $108°19'27.14''$，北纬 $24°44'22.68''$，西南角：东经 $108°19'26.44''$，北纬 $24°44'22.63''$，东北角：东经 $108°19'27.79''$，北纬 $24°44'22.73''$。其生物采样是在作物收获期测定生物量和经济产量。土壤养分观测场设 6 种处理方式（图 3-11）。

观测项目包括：土壤有机质、N、P、K 养分、微量元素和重金属、pH、阳离子交换量、矿质全量、机械组成、容重。土壤微生物生物量碳、作物生育期、作物叶面积与生物量动态、作物收获期植株性状、耕层根系生物量、生物量与籽实产量、收获期植株各器官元素含量（C、N、P、K、Ca、Mg、S、Si、Zn、Mn、Cu、Fe、B、Mo）与能值、病虫害等。

生物、土壤采样均按不同管理方式的处理采样。生物采样每次分别从 6 种不同处理的采样区内采取得 6 份样品。采样设计编码同综合观测场地编码方式。土壤采样：表层取样按每种处理多处采样点混和样的方式；剖面土壤取样按每种处理不同相同土壤层次的多处采样点混合样的方式。

3.2.4.2　旱地辅助土壤水分观测采样地（HJAFZ01CTS_01）

样地 2006 年正式建立，计划长期使用。面积 6m×30m，为长方形。样地中心点坐标为：北纬 $24°44'22.75''$，东经 $108°19'27.01''$。其水分观测的布置图见图 3-11，埋设了 6 根用于观测土壤水分含量的 TDR 测管，分别对 6 种不同施肥管理措施旱地剖面土壤水分的变化特征进行观测，观测土壤层次 0～70cm，每 10cm 为一个观测层；观测频率：雨季（4～9 月）每 5d 1 次，旱季（10 月～次年 3 月）每 10d 1 次。

3.2.5　坡地草本饲料辅助观测场（HJAFZ02）

坡地辅助观测场（图 3-12）设在环江站所处的核心试验区内，位于广西区环江县大才乡同进村木连屯，经度范围：东经 $108°19'26.24''$ 至东经 $108°19'29.11''$；纬度范围：北纬 $24°44'25.28''$ 至北纬 $24°44'28.91''$。观测场 2006 年建立，设计使用年数大于 99 年。观测场占地面积 2 101.8m²，形状为长方形。该地海拔高度 288.5～337m。观测场蒸发量背景值为 1 571.1mm，日照时数背景值 1 451.1，无霜期为 329d，年均温 19.9℃，年降水 1 389mm，大于 10℃有效积温为 6 300℃。观测场全国第二次土壤普查其土类为石灰土，亚类属棕色石灰土；中国土壤系统分类名称为棕色钙质湿润富铁土；美国土壤系统分类名称为新成土，母质或母岩为石灰岩。其土壤剖面 0～15cm 耕作层，15～24.5cm 亚耕作层，24.5～61cm 淀积层，61～87cm 半风化层，87cm 以下为母岩层。观测场水分来源主要以降水为主，灌溉能力一般。建站前土地利用方式为拓荒、放牧。观测场建立后，种植结构为多年生牧草，施肥制度为常规施肥管理，灌溉制度为雨水，集雨自流灌溉。观测场地貌地形为坡地，农田类型属于旱地，植被类型属草本饲料生态系统，种植桂牧一号，主要以降水为主，灌溉能力一般，排水能力保证率大于 90%。观测场设有坡地草本饲料辅助观测场土壤生物采样地（HJAFZ02ABC_01）和坡地草本饲料辅助观测场土壤水分观测样地（TDR 测管 4 根）（HJAFZ02CTS_01）。样地的配置如图 3-13 所示。

图 3-12 坡地草本饲料辅助观测场

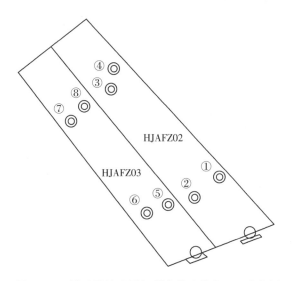

图 3-13 坡地辅助观测场所有样地综合配置分布图

HJAFZ02：HJAFZ02ABC_01

HJAFZ03：HJAFZ03ABC_01

TDR 测管① HJAFZ02CTS_01_01

TDR 测管② HJAFZ02CTS_01_02

TDR 测管③ HJAFZ02CTS_01_03

TDR 测管④ HJAFZ02CTS_01_04

TDR 测管⑤ HJAFZ02CTS_01_05

TDR 测管⑥ HJAFZ02CTS_01_06

TDR 测管⑦ HJAFZ02CTS_01_07

TDR 测管⑧ HJAFZ02CTS_01_08

3.2.5.1　坡地草本饲料辅助观测场水分、土壤、生物采样地（HJAFZ02ABC_01）

坡地草本饲料辅助观测场土壤生物采样地建于2006年，设计观测年数大于99年。样地坡度24°，坡向150°；占地面积2 101.8m²。草本饲料区中心点：东经108°19′27.92″，北纬24°44′27.03″。

观测项目包括：土壤有机质、氮、磷、钾养分、微量元素和重金属、pH、阳离子交换量、矿质全量、机械组成、容重、土壤微生物生物量碳、作物生育期、作物叶面积与生物量动态、作物收获期植株性状、耕层根系生物量、生物量与籽实产量、收获期植株各器官元素含量（C、N、P、K、Ca、Mg、S、Si、Zn、Mn、Cu、Fe、B、Mo）与能值、病虫害等。

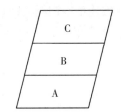

图3-14　坡地辅助观测场土壤采样分区设计图

考虑到坡地不同部位土壤物理化学性质有差异，辅助观测场分为3个样区，即坡地下部A、中部B和上部C（如图3-14）。土壤、生物采样分别以坡位样区分区原则采样。生物采样每次分别从3个不同坡位采样区内随机选取样方，采集3份样品。土壤采样：表层取样按每样区多处采样点混和样的方式；剖面土壤取样按每样区不同相同土壤层次的多处采样点混合样的方式。

3.2.5.2　坡地草本饲料辅助观测场土壤水分观测样地（HJAFZ02CTS_01）

样地建于2006年，设计长期使用，占地面积4×0.13m²。长期观测不同土壤层次（0～70cm）的水分含量，每10cm为一个观测层；土壤水分采用TDR水分剖面仪观测：雨季（4～9月）每5d 1次，旱季（10月～次年3月）每10d 1次。土壤水分TDR测管分别埋设于中下坡位、中上坡位各2根。其TDR测管分布图见图3-13。

3.2.6　坡地顺坡垦植辅助观测场（HJAFZ03）

坡地辅助观测场顺坡垦植区（如图3-15）设在环江站所处的核心试验区内，位于广西区环江县大才乡同进村木连屯，经度范围：东经108°19′26.24″至108°19′29.11″；纬度范围：北纬24°44′25.28″至24°44′28.91″。观测场2006年建立，设计使用年数大于99年。观测场占地面积1 893.1m²，形状为长方形。该地海拔高288.5～337m。观测场蒸发量背景值为1 571.1mm，日照时数背景值1 451.1，无霜期为329d，年均温19.9℃，年降水1 389mm，大于10℃有效积温为6 300℃。观测场全国第二次土壤普查其土类为石灰土，亚类属棕色石灰土；中国土壤系统分类名称为棕色钙质湿润富铁土；美国土壤系统分类名称为新成土，母质或母岩为石灰岩。其土壤剖面0～15cm耕作层，15～24.5cm亚

图3-15　坡地顺坡垦植辅助观测场

耕作层，24.5～61cm 淀积层，61～87cm 半风化层，87cm 以下为母岩层。观测场水分来源主要以降水为主，灌溉能力一般。建站前土地利用方式为拓荒、放牧。观测场建立后，种植结构为单季玉米，施肥制度为常规施肥管理，灌溉制度为雨水，集雨自流灌溉。观测场地貌地形为坡地，农田类型属于旱地，植被类型属顺坡垦植生态系统，种植玉米，主要以降水为主，灌溉能力一般，排水能力保证率大于 90%。

观测场设有坡地顺坡垦植辅助观测场生物土壤采样地（HJAFZ03ABC_01）和坡地顺坡垦植辅助观测场土壤水分观测样地（HJAFZ03CTS_01），其分布图详见图 3-13。

3.2.6.1　坡地顺坡垦植辅助观测场水分、土壤、生物采样地（HJAFZ03ABC_01）

坡地顺坡垦植辅助观测场土壤生物采样地建于 2006 年，设计观测年数大于 99 年。样地坡度 24°，坡向 150°；占地面积 2 101.8m²。顺坡垦植区中心点：东经 108°19′27.26″，北纬 24°44′27.02″。

样地土壤、生物观测采样项目以及采样要求与坡地草本饲料辅助观测场土壤生物采样地的相同。

3.2.6.2　坡地顺坡垦植辅助观测场土壤水分观测样地（HJAFZ03CTS_01）

样地建于 2006 年，设计长期使用，占地面积 4×0.13m²。其观测项目包括不同土壤层次（0～70cm）的土壤含水量，每 10cm 一个观测层，观测频率：雨季（4～9 月）每 5d 1 次，旱季（10～次年 3 月）每 10d 1 次。土壤水分 TDR 测管分别埋设于中下坡位、中上坡位各 2 根。TDR 测管分布图见图 3-13。

3.2.7　水分辅助观测场

环江站 4 个水分辅助观测场均设在环江站所处的核心试验区内，位于广西区环江县大才乡同进村木连屯，经度范围：东经 108°18′至 108°19′；纬度范围：北纬 24°43′至 24°44′。观测场 2006 年建立，计划观测年数大于 99 年。水分辅助观测场蒸发量背景值为 1 571.1mm，日照时数背景值为 1 451.1，无霜期为 329d，年均温 19.9℃，年降水 1 389mm，大于 10℃有效积温为 6 300℃。观测场全国第二次土壤普查其土类为石灰土，亚类属棕色石灰土；中国土壤系统分类名称为棕色钙质湿润富铁土；美国土壤系统分类名称为老成土，母质或母岩为石灰岩。观测场地貌地形为峰丛洼地，水源以降水、地表补给为主。

观测场建有水分辅助观测场流动水观测点（水质）（HJAFZ04CLB_01）、水分辅助观测场溢出水观测点（水质、水量）（HJAFZ05CLB_01）、水分辅助观测场准静止水观测点（水质）（HJAFZ06CJB_01）、水分辅助观测场地下水观测点（水位、水质）（HJAFZ07CDX_01）4 个水分观测采样地（采样地在环江站的位置分布见图 3-1 环江站观测场（地）空间位置图）。

3.2.7.1　水分辅助观测场流动水观测点（水质）（HJAFZ04CLB_01）

水分辅助观测场流动水水质观测样地（图 3-16）建于 2006 年，计划观测年数大于 99 年。样地中心坐标为：东经 108°19′25.63″，北纬 24°44′16.78″，形状为 5m×3.4m 的长方形，海拔高 289m。观测内容：水质分析，分析项目包括：pH、钙离子、镁离子、钾离子、钠离子、碳酸根离子、重碳酸根离子、氯化物、硫酸根离子、磷酸根离子、硝酸根离子、矿化度、化学需氧量（COD）、水中溶解氧（DO）、总氮、总磷；每年分别集中在旱季（11 月）、雨季（7 月）采样分析。

3.2.7.2　水分辅助观测场溢出水观测点（水质、水量）（HJAFZ05CLB_01）

水分辅助观测场溢出水观测样地（图 3-17）建于 2006 年，计划观测年数大于 99 年。样地中心坐标为：东经 10°19′32.89″，北纬 24°44′25.07″，形状由西南向东北，渠宽 0.5m，渠深 0.34m，海拔 280m。观测内容：水质分析，分析项目包括：pH、钙离子、镁离子、钾离子、钠离子、碳酸根离子、重碳酸根离子、氯化物、硫酸根离子、磷酸根离子、硝酸根离子、矿化度、化学需

图 3-16　水分辅助观测场流动水水质观测样地

氧量（COD）、水中溶解氧（DO）、总氮、总磷；每年分别集中在旱季（11 月）、雨季（7 月）采样分析。

图 3-17　水分辅助观测场溢出水观测样地

3.2.7.3　水分辅助观测场静止水观测点（水质）（HJAFZ06CJB_01）

　　水分辅助观测场静止水观测样地（图 3-18）建于 2006 年，计划观测年数大于 99 年。样地中心坐标为：东经 108°19′37.18″，北纬 24°44′45.12″，位于环江站核心试验区水库入排洪道前的水域（水坝西南坝角处），海拔 290m。观测内容：水质分析，分析项目包括：pH、钙离子、镁离子、钾离子、钠离子、碳酸根离子、重碳酸根离子、氯化物、硫酸根离子、磷酸根离子、硝酸根离子、矿化度、化学需氧量（COD）、水中溶解氧（DO）、总氮、总磷；每年分别集中在旱季（11 月）、雨季（7 月）采样分析。

图 3 - 18 水分辅助观测场静止水观测样地

3.2.7.4 水分辅助观测场地下水观测点（水位、水质）（HJAFZ07CDX_01）

水分辅助观测场地下水观测样地（图 3 - 19）建于 2006 年，计划观测年数大于 99 年。样地中心坐标为：东经 108°19′37.18″，北纬 24°44′45.12″，位于环江站站区引用水井，海拔 292m。观测内容：水质分析，分析项目包括：pH、钙离子、镁离子、钾离子、钠离子、碳酸根离子、重碳酸根离子、氯化物、硫酸根离子、磷酸根离子、硝酸根离子、矿化度、化学需氧量（COD）、水中溶解氧（DO）、总氮、总磷；每年分别集中在旱季（11 月）、雨季（7 月）采样分析；水井水位观测的观测频率：雨季（4～9 月）每 5d 1 次，旱季（10～次年 3 月）每 10d 1 次。

图 3 - 19 水分辅助观测场地下水观测样地

3.2.8 宜州市德胜镇地罗村站区调查点（HJAZQ01）

宜州市德胜镇地罗村站区调查点位于环江站南围宜州市德胜镇地罗村境内，地罗村部所在处地理坐标：东经 108°17.755′，北纬 24°43.238′。调查点于 2006 年建立，设计使用年数大于 30 年。设置了两块不同类型的旱地农田观测采样地，分别为地罗村桑苗土壤生物长期采样地（HJAZQ01AB0_01）以及地罗村旱地土壤生物长期采样地（HJAZQ01AB0_02），见图3-20，采样地地处典型的喀斯特谷地。调查点蒸发量背景值为1 571.1mm，日照时数背景值1 451.1，无霜期为329d，年均温19.9℃，年降水1 389mm，大于10℃有效积温为6 300℃。观测场全国第二次土壤普查其土类为石灰土，亚类属棕色石灰土；中国土壤系统分类名称为棕色钙质湿润富铁土；美国土壤系统分类名称为老成土，母质或母岩为石灰岩。

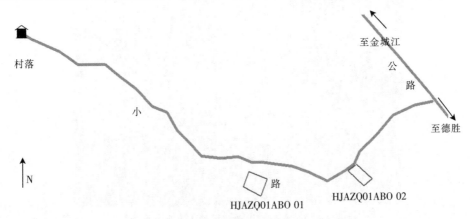

图3-20 地罗村站区调查点长期采样地分布图

3.2.8.1 地罗村桑苗土壤、生物长期采样地（HJAZQ01AB0_01）

地罗村桑苗土壤、生物长期采样地（见图3-21），中心点：东经108°17.873′，北纬24°42.797′。样地2006年建立，计划观测年数大于30年。样地代表环江喀斯特生态试验站周边典型农田种植类型。观测场面积1 186m²，形状为不规则四边形。该地海拔大约211m。土壤剖面特征0～13cm耕作层，13～27cm亚耕作层，27～56cm淋溶层，56～103cm淀积层，未见母质层。采样地2006年以前，玉米—黄豆轮作，1年两作，施用化肥农家肥结合；2006年初改种桑苗，于当年初施底肥，此后分别在每年4月、7月施肥，施用尿素、复合肥各750kg/hm²。灌溉制度为雨水，集雨自流灌溉。轮作为桑树苗，种植结构以经济作物为主，耕作措施为人工。观测场所代表典型区域的土壤为石灰岩发育的红壤，地貌地形为喀斯特谷地，农田类型属于旱地，主要以降水为主，养分水平中等，灌溉能力一般，排水能力保证率大于70%～90%。在农户信息调查中，桑地收获桑叶年收获蚕茧量为4 950kg/hm²。

图3-21 地罗村桑苗土壤、生物长期采样地

样地的土壤、生物观测项目内容以及采样观测要求：

①表层土壤速效养分：碱解氮、速效磷、速效钾；每年 1 次，表层（0～20cm）作物收获后采样，2006 年开始，每年进行；

②表层土壤养分：全氮、pH、有机质、缓效钾；每 3 年 1 次，表层（0～20cm）；分别于 2006，2008，2010，2012，2015 年进行；

③土壤养分全量：有机质、全氮、全磷、全钾；每 5 年 1 次，剖面（0～20cm、20～40cm、40～60cm、60～100cm）；分别于 2006，2010，2015 年进行；

④农田环境要素：区域面积、耕地面积、区域地理位置、土壤类型、土壤质地、土壤 pH、土壤有机质、土壤全氮、土壤全磷、土壤碱解氮、土壤速效磷、土壤速效钾、土壤总盐量（电导率）、灌溉方式、作物布局、大于 0℃平均积温、无霜期（d）、年降水量，土壤含水量、耕作方式（机耕、牲畜耕作、人工、免耕）、作物收获期、农户调查和自测（1 次/年）；

⑤耕作制度：作物组成：作物名称、主播作物品种、作物类别、播种量、播种面积、作物占总播比率、主播品种占该作物播种面积的比例、总产；历年复种指数与典型地块作物轮作体系：农田类型、复种指数、轮作制；主要作物肥料、农药、除草剂等投入量：作物名称、施用时间、施用方式、肥料（/农药/除草剂等）名称、施用量、肥料含纯氮量、肥料含纯磷量、肥料含纯钾量；灌溉制度：作物名称、灌溉时间（作物发育期）、灌溉水源、灌溉方式、灌溉量。（收获期农户调查，1 次/作物季）；

⑥作物病虫害记录：病虫种、危害程度（事件发生记录）；

⑦样地生物采样设计和采样方法按照常规观测，植物生物学特性、生育期、生物量、生产过程的投入与产出。表层土壤采样在样地按"S"路线随机收集多点混合样（见图 3 - 22）。

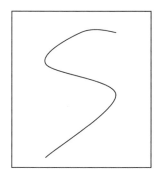

图 3 - 22　站区调查点表层土壤样采集线路

3.2.8.2　地罗村旱地土壤生物长期采样地（HJAZQ01AB0 _ 02）

地罗村旱地土壤生物长期采样地中心点：东经 108°17.990′，北纬 24°42.804′。样地 2006 年选定，计划观测年数大于 30 年。样地靠近试验站，代表周边典型农田种植类型。观测场面积 1 041m²，形状为不规则四边形。土壤剖面特征 0～18.5cm 耕作层，18.5～55cm 淋溶层，55～91cm 淀积层，91cm 以下母质层。观测场建立前，样地一直的农作方式是 1 年两季，玉米—黄豆轮作，施用化肥农家肥结合。观测场建成后，每年开春施 500 kg 牛粪作底肥，四五月分别追肥一次，每次施尿素、复合肥各 50 kg；7 月种植黄豆时施加草木灰 100 kg，8 月追加钾肥（Kcl）8 kg。灌溉制度为雨水，集雨自流灌溉，轮作为玉米、黄豆轮作，种植结构以粮食—经济作物为主，耕作措施为人工。观测场所代表典型区域的土壤为石灰岩发育的红壤，地貌地形为喀斯特谷地，农田类型属于旱地，主要以降水为主，养分水平中等，灌溉能力一般，排水能力保证率大于 70%～90%。在 2006 年的农户信息调查中，采样地玉米产量 5 250kg/hm²（脱粒），黄豆 1 500kg/hm²。

由于一年两季作物，地罗村旱地土壤、生物长期采样地的土壤、生物采样按作物季进行，观测项目内容、方法与 HJAZQ01AB0 _ 01 的一致。

3.2.9　环江县思恩镇清潭村站区调查点（HJAZQ02）

环江县思恩镇清潭村站区调查点在广西区环江县思恩镇清潭村，村部中心点：东经 108°16.682′，北纬 24°46.818′。调查点于 2006 年建立，设计使用年数大于 30 年。选取了两块不同类型的农田观测采样地，清潭村甘蔗土壤生物长期采样地（HJAZQ02AB0 _ 01）、清潭村水田土壤生物长期采样地（HJAZQ02AB0 _ 02），见图 3 - 23，采样地地处典型的喀斯特谷地。调查点处蒸发量背景值为 1 571.1mm，日照时数背景值 1 451.1，无霜期为 329d，年均温 19.9℃，年降水 1 389mm，大于

10℃有效积温为 6 300℃。

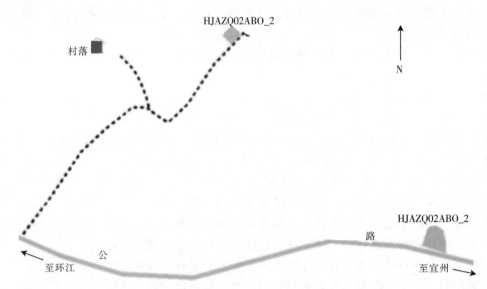

图 3 - 23　清潭村站区调查点长期采样地分布图

3.2.9.1　环江站清潭村甘蔗土壤生物采样地（HJAZQ02AB0 _ 01）

环江站清潭村甘蔗土壤生物采样地（如图 3 - 24），采样地中心点：东经108°17.773′，北纬24°46.508′，面积 1 880m²，形状为不规则四边形，样地海拔约 330m，无坡向坡度。采样地土壤类型按全国第二次土壤普查的土类为石灰土，亚类属棕色石灰土；中国土壤系统分类名称为棕色钙质湿润富铁土；美国土壤系统分类名称为老成土，母质或母岩为石灰岩。土壤剖面特征 0～14cm 耕作层，14～26cm 亚耕作层，26～42cm 淋溶层，42～62cm 漂洗层，62～110cm 为淀积层。采样地 2004 年之前为水田，种植双季稻，1 年两作，施用化肥农家肥结合，有渠灌；后经农户承包建成后改种经济作物甘蔗，年投入复合肥 2 250kg/hm²、尿素 750kg/hm²，另投入少量除草剂的农药，集雨自流灌溉，轮作为三年生甘蔗，耕作措施为人工加机械。观测场地貌地形为喀斯特盆地，农田类型属于旱地和水田，主要以降水为主，养分水平中等，灌溉能力一般，排水能力保证率大于 70%～90%。观测场面积 1 880m²，观测场形状为不规则四边形。2006 年对样地所在的下哨组调查，生产组共有耕地 8.86hm²，其中水田 7.53hm²（水稻）、旱地 1.33hm²（种桑）；村民 157 人，33 户，人均年收入 2 000 元；甘蔗年产量 75～90t/hm²。

图 3 - 24　环江站清潭村甘蔗土壤生物采样地分布图

清潭村甘蔗土壤生物采样地土壤生物采样观测项目内容、方法与地罗村站区调查点采样地的一致。

3.2.9.2　清潭村水田土壤、生物长期采样地（HJAZQ02AB0 _ 02）

环江站清潭村水田土壤生物采样地 2006 年建成，计划观测年数大于 30 年。采样地中心点：东经108°17.408′，北纬 24°46.754′。清潭村甘蔗土壤、生物长期采样地面积：750m²，形状为长方形。样地海拔约 316m，无坡向坡度。采样地土壤类型按全国第二次土壤普查的土类为水稻土，亚类属潜育性水稻土；中国土壤系统分类名称为普通潜育水耕人为土；美国土壤系统分类名称为强发育潮湿老成土，母质或母岩为石灰岩；土壤剖面特征 0～15cm 耕作层，15～23cm 犁底层，23～55cm 淋溶层，55～110cm 淀积层，未见母质层（耕作层与犁底层有轻微潜育化现象）。采样地建立前后，均为水田类型，种植双季稻，1 年两作，施用化肥农家肥结合，有渠灌。采样地施肥管理措施：早稻施肥多以钙镁磷复合肥、KCl、尿素为主，前者为底肥 225kg/hm^2，后两者在栽种后半个月作追肥使用，分别为 150～225kg/hm^2；晚稻不施钙镁磷肥，只施钾肥、尿素，施用量同前，灌溉制度为雨水，集雨自流灌溉，轮作为双季稻，种植结构以粮食作物为主，耕作措施为人工加牛械。采样地所在地貌地形为喀斯特盆地，农田类型属于旱水田，主要以降水为主，养分水平中等，灌溉能力一般，排水能力保证率大于 70%～90%。据 2006 年调查，样地所在的内哨组，共有耕地 19.33hm^2，其中水田 13.33hm^2（水稻）、旱地（种桑）5.33hm^2、0.67hm^2 开荒地（玉米）；村民 220 人，48 户，人均年收入 2 250 元；早季稻产量 4 125kg/hm^2，晚季稻 1 500kg/hm^2。

清潭村水田土壤生物采样地土壤生物采样观测项目内容、方法与地罗村站区调查点采样地的一致。

第四章

□□□□□□□□□□□□□□□□□□□□□

监 测 数 据

4.1 生物监测数据

4.1.1 农田作物种类与产值

4.1.1.1 旱地综合观测场

表4-1 旱地综合观测场农田作物种类与产值

作物类别：粮食作物

年份	作物名称	作物品种	播种量 (kg/hm²)	播种面积 (hm²)	占总播比率* (%)	单产 (kg/hm²)	直接成本 (元/hm²)	产值 (元/hm²)
2007	玉米	正大999	22.50	0.161	100	6 253.1	6 077.10	10 004.89
2007	黄豆	桂春5号	30.00	0.161	100	1 030.8	2 535.00	5 772.70

　＊ 占总播种面积比率，全文同。

4.1.1.2 坡地辅助观测场（顺坡垦植区）

表4-2 坡地辅助观测场（顺坡垦植区）农田作物种类与产值

作物类别：粮食作物

年份	作物名称	作物品种	播种量 (kg/hm²)	播种面积 (hm²)	占总播比率 (%)	单产 (kg/hm²)	直接成本 (元/hm²)	产值 (元/hm²)
2007	玉米	正大999	22.50	0.085	100	3 616.4	4 952.10	5 786.23

4.1.1.3 德胜镇地罗村地罗组站区调查点

表4-3 德胜镇地罗村地罗组站区调查点农田作物种类与产值

作物类别：粮食作物

年份	作物名称	作物品种	播种量 (kg/hm²)	播种面积 (hm²)	占总播比率 (%)	单产 (kg/hm²)	直接成本 (元/hm²)	产值 (元/hm²)
2007	玉米	正大619	22.50	0.119	50	6 301.0	3 489.60	10 081.60
2007	黄豆	地方传统品种	30.00	0.119	50	1 319.0	630.00	7 386.49

4.1.1.4 思恩镇清潭村下哨组站区调查点

表4-4 思恩镇清潭村下哨组站区调查点农田作物种类与产值

作物类别：粮食作物

年份	作物名称	作物品种	播种量 (kg/hm²)	播种面积 (hm²)	占总播比率 (%)	单产 (kg/hm²)	直接成本 (元/hm²)	产值 (元/hm²)
2007	甘蔗	台糖16号（大叶型）	22 500	0.188	5	60 964.4	13 497.69	15 241.10

4.1.1.5　思恩镇清潭村内哨组站区调查点

表 4-5　思恩镇清潭村内哨组站区调查点农田作物种类与产值

作物类别：粮食作物

年份	作物名称	作物品种	播种量 （kg/hm²）	播种面积 （hm²）	占总播比率 （%）	单产 （kg/hm²）	直接成本 （元/hm²）	产值 （元/hm²）
2007	早稻	宜香 99	22.50	0.075	5	6 796.9	3 382.50	10 195.32
2007	晚稻	湘优 24	15.00	0.075	5	6 160.0	3 660.00	9 239.99

4.1.2　农田复种指数与典型地块作物轮作体系

4.1.2.1　旱地综合观测场

表 4-6　旱地综合观测场农田复种指数与典型地块作物轮作体系

年份	农田类型	复种指数（%）	轮作体系	当年作物
2007	洼地旱地	200.00	玉米/黄豆—玉米/黄豆	玉米、黄豆

4.1.2.2　旱地辅助观测场

表 4-7　旱地辅助观测场农田复种指数与典型地块作物轮作体系

年份	农田类型	复种指数（%）	轮作体系	当年作物
2007	洼地旱地	200.00	玉米/黄豆—玉米/黄豆	玉米、黄豆

4.1.2.3　坡地草本饲料辅助观测场

表 4-8　坡地草本饲料辅助观测场农田复种指数与典型地块作物轮作体系

年份	农田类型	复种指数（%）	轮作体系	当年作物
2007	坡地旱地	100.00	牧草—牧草	牧草

4.1.2.4　坡地顺坡垦植辅助观测场

表 4-9　坡地顺坡垦植辅助观测场农田复种指数与典型地块作物轮作体系

年份	农田类型	复种指数（%）	轮作体系	当年作物
2007	坡地旱地	100.00	玉米—玉米	玉米

4.1.2.5　德胜镇地罗村冷坡组站区调查点

表 4-10　地罗村冷坡组站区调查点农田复种指数与典型地块作物轮作体系

年份	农田类型	复种指数（%）	轮作体系	当年作物
2007	旱地	100.00	桑树—桑树	桑树

4.1.2.6　德胜镇地罗村地罗组站区调查点

表 4-11　地罗村地罗组站区调查点农田复种指数与典型地块作物轮作体系

年份	农田类型	复种指数（%）	轮作体系	当年作物
2007	旱地	200.00	玉米/黄豆—玉米/黄豆	玉米、黄豆

4.1.2.7 思恩镇清潭村下哨组站区调查点

表 4-12　思恩镇清潭村下哨组站区调查点农田复种指数与典型地块作物轮作体系

年份	农田类型	复种指数（%）	轮作体系	当年作物
2007	水田改旱地	100.00	甘蔗—甘蔗	甘蔗

4.1.2.8 思恩镇清潭村内哨组站区调查点

表 4-13　思恩镇清潭村内哨组站区调查点农田复种指数与典型地块作物轮作体系

年份	农田类型	复种指数（%）	轮作体系	当年作物
2007	水田	200.00	双季稻—双季稻	双季稻

4.1.3　农田主要作物肥料投入情况

4.1.3.1 旱地综合观测场

表 4-14　旱地综合观测场农田主要作物肥料投入情况

作物名称：玉米

年份	肥料名称	施用时间（月-日）	作物生育时期	施用方式	施用量（kg/hm²）	肥料折合纯氮量（kg/hm²）	肥料折合纯磷量（kg/hm²）	肥料折合纯钾量（kg/hm²）
2007	复合肥	03-14	播种	穴施，基肥	375.00	56.25	24.64	46.48
2007	尿素	04-20	五叶期	点施覆土，追肥	225.00	103.5		
2007	尿素	05-16	拔节期	撒施，追肥	150	69		

4.1.3.2 坡地顺坡垦植辅助观测场

表 4-15　坡地顺坡垦植辅助观测场农田主要作物肥料投入情况

作物名称：玉米

年份	肥料名称	施用时间（月-日）	作物生育时期	施用方式	施用量（kg/hm²）	肥料折合纯氮量（kg/hm²）	肥料折合纯磷量（kg/hm²）	肥料折合纯钾量（kg/hm²）
2007	复合肥	03-14	播种	穴施，基肥	300	45	20	37.25
2007	尿素	04-20	五叶期	点施覆土，追肥	225.00	103.5		
2007	尿素	05-16	拔节期	撒施，追肥	150	69		

4.1.3.3 德胜镇地罗村冷坡组站区调查点

表 4-16　德胜镇地罗村冷坡组站区调查点农田主要作物肥料投入情况

作物名称：桑树

年份	肥料名称	施用时间（月-日）	作物生育时期	施用方式	施用量（kg/hm²）	肥料折合纯氮量（kg/hm²）	肥料折合纯磷量（kg/hm²）	肥料折合纯钾量（kg/hm²）
2007	复混肥	03-7	开始萌发新芽	混合撒施，追肥	937.5	121.875	20.625	54.468 75
2007	尿素	03-7	开始萌发新芽	混合撒施，追肥	937.5	431.25		
2007	复混肥	07-10	夏伐后	混合撒施，追肥	937.5	121.875	20.625	54.468 75
2007	尿素	07-10	夏伐后	混合撒施，追肥	937.5	431.25		

4.1.3.4 德胜镇地罗村地罗组站区调查点

表4-17 德胜镇地罗村地罗组站区调查点农田主要作物肥料投入情况

作物名称：玉米

年份	肥料名称	施用时间（月-日）	作物生育时期	施用方式	施用量（kg/hm²）	肥料折合纯氮量（kg/hm²）	肥料折合纯磷量（kg/hm²）	肥料折合纯钾量（kg/hm²）
2007	草木灰	03-19	播种	穴施，基肥	1 350			
2007	复混肥	04-30	拔节期	点施覆土，追肥	450	58.5	9.9	26.145
2007	尿素	04-30	拔节期	点施覆土，追肥	450	207		
2007	复混肥	05-24	抽雄期	撒施，追肥	600	90	39.6	74.7

作物名称：黄豆

年份	肥料名称	施用时间（月-日）	作物生育时期	施用方式	施用量（kg/hm²）	肥料折合纯氮量（kg/hm²）	肥料折合纯磷量（kg/hm²）	肥料折合纯钾量（kg/hm²）
2007	草木灰	06-28	播种	穴施，基肥	900			
2007	氯化钾	08-5	开花期	点施覆土，追肥	150	90		

4.1.3.5 思恩镇清潭村下哨组站区调查点

表4-18 思恩镇清潭村下哨组站区调查点农田主要作物肥料投入情况

作物名称：甘蔗

年份	肥料名称	施用时间（月-日）	作物生育时期	施用方式	施用量（kg/hm²）	肥料折合纯氮量（kg/hm²）	肥料折合纯磷量（kg/hm²）	肥料折合纯钾量（kg/hm²）
2007	复合肥	03-5	播种	沟施，基肥	1 500	225	99	186.75
2007	氯化钾	03-5	播种	沟施，基肥	1 125			560.25
2007	尿素	03-5	播种	沟施，基肥	750	345		
2007	尿素	04-22	苗期	种沟条施并培土 追肥	300	138		

4.1.3.6 思恩镇清潭村内哨组站区调查点

表4-19 思恩镇清潭村内哨组站区调查点农田主要作物肥料投入情况

作物名称：早稻

年份	作物名称	肥料名称	施用时间（月-日）	作物生育时期	施用方式	施用量（kg/hm²）	肥料折合纯氮量（kg/hm²）	肥料折合纯磷量（kg/hm²）	肥料折合纯钾量（kg/hm²）
2007	早稻	尿素	04-9	耙田	撒施，追肥	150	69		
2007	早稻	尿素	04-26	分蘖期	撒施，追肥	375	172.5		
2007	晚稻	尿素	08-4	耙田	撒施，追肥	150	69		
2007	晚稻	尿素	08-16	分蘖期	撒施，追肥	375	172.5		

4.1.4 农田主要作物农药除草剂生长剂等投入情况

4.1.4.1 旱地综合观测场

表4-20 综合观测场农田主要作物农药除草剂生长剂等投入情况

年份	作物名称	农药（/除草剂/生长剂）名称	主要有效成分	施用时间（月-日）	作物物候期	施用方式	施用量（g/hm²）
2007	玉米	草甘磷	草甘磷胺盐/钠盐	03-20	播种	地面喷雾，防治杂草	2 250
2007	黄豆	草甘磷	草甘磷胺盐/钠盐	07-12	播种后	地面喷雾，防治杂草	2 250

4.1.4.2 旱地辅助观测场

表 4 - 21　旱地辅助观测场洼地农田主要作物农药除草剂生长剂等投入情况

年份	作物名称	农药（/除草剂/生长剂）名称	主要有效成分	施用时间（月-日）	作物物候期	施用方式	施用量（g/hm²）
2007	黄豆	草甘磷	草甘磷胺盐/钠盐	07 - 5	播种后	地面喷雾，防治杂草	2 250

4.1.4.3 旱地辅助观测场

表 4 - 22　德胜镇地罗村冷坡组站区调查点农田主要作物农药除草剂生长剂等投入情况

作物名称：桑树

年份	农药（/除草剂/生长剂）名称	主要有效成分	施用时间（月-日）	作物物候期	施用方式	施用量（g/hm²）
2007	克瑞踪	白草枯二氯盐	03 - 15	全株新叶萌发萌发	地面喷雾，防治杂草	3 375
2007	克瑞踪	白草枯二氯盐	07 - 5	供叶期	地面喷雾，防治杂草	3 375
2007	克瑞踪	白草枯二氯盐	08 - 10	供叶期	地面喷雾，防治杂草	3 375
2007	桑虫净	除虫菊酯	04 - 25	供叶期	叶面喷雾，防治桑蓟马、桑螟、桑毛虫、桑尺蠖等、桑螟、桑毛虫、桑尺蠖等	1 400
2007	吲哚30	吲哚乙酸	04 - 25	供叶期	叶面喷雾，促进生长、提高抗病害能力等提高抗病害能力等	1 350
2007	桑虫净	除虫菊酯	05 - 28	供叶期	叶面喷雾，防治桑蓟马、桑螟、桑毛虫、桑尺蠖等、桑螟、桑毛虫、桑尺蠖等	1 400
2007	吲哚30	吲哚酸、Cu、Fe、Mn、Zn、M0、B 等微量元素、M0、B等微量元素	05 - 28	供叶期	叶面喷雾，促进生长、提高抗病害能力等提高抗病害能力等	1 350
2007	桑虫净	除虫菊酯	06 - 30	供叶期	叶面喷雾，防治桑蓟马、桑螟、桑毛虫、桑尺蠖等、桑螟、桑毛虫、桑尺蠖等	1 400
2007	吲哚30	吲哚乙酸	06 - 30	供叶期	叶面喷雾，促进生长、提高抗病害能力等提高抗病害能力等	1 350
2007	桑虫净	除虫菊酯	08 - 15	供叶期	叶面喷雾，防治桑蓟马、桑螟、桑毛虫、桑尺蠖等、桑螟、桑毛虫、桑尺蠖等	1 400
2007	吲哚30	吲哚乙酸	08 - 15	供叶期	叶面喷雾，促进生长、提高抗病害能力等提高抗病害能力等	1 350
2007	桑虫净	除虫菊酯	09 - 26	供叶期	叶面喷雾，防治桑蓟马、桑螟、桑毛虫、桑尺蠖等、桑螟、桑毛虫、桑尺蠖等	1 400

（续）

年份	农药（/除草剂/生长剂）名称	主要有效成分	施用时间（月-日）	作物物候期	施用方式	施用量（g/hm²）
2007	吲哚30	吲哚乙酸	09-26	供叶期	叶面喷雾，促进生长、提高抗病害能力等提高抗病害能力等	1 350

4.1.4.4 德胜镇地罗村地罗组站区调查点

表4-23　德胜镇地罗村地罗组站区调查点农田主要作物农药除草剂生长剂等投入情况

年份	作物名称	农药（/除草剂/生长剂）名称	主要有效成分	施用时间（月-日）	作物物候期	施用方式	施用量（g/hm²）
2007	玉米	乐果	0，0-二甲基-S-硫赶磷酸酯	06~16	灌浆期	叶面喷雾，防治玉米螟、蚜虫、蚜虫	3 000
2007	黄豆	乐果	0，0-二甲基-S-硫赶磷酸酯	08~19	开花期	叶面喷雾，防治大豆蚜虫虫	3 000

4.1.4.5 思恩镇清潭村内哨组站区调查点

表4-24　思恩镇清潭村内哨组站区调查点农田主要作物农药除草剂生长剂等投入情况

年份	作物名称	农药（/除草剂/生长剂）名称	主要有效成分	施用时间（月-日）	作物物候期	施用方式	施用量（g/hm²）
2007	早稻	甲胺磷	0，S-二甲基硫代磷酰胺	05~5	分蘖期	叶面喷雾，防治稻螟等	2 250
2007	晚稻	甲胺磷	0，S-二甲基硫代磷酰胺	08~25	分蘖盛期	叶面喷雾，防治稻螟等	2 250
2007	晚稻	甲胺磷	0，S-二甲基硫代磷酰胺	09~05	拔节前期	叶面喷雾，防治稻螟等	2 250

4.1.5　农田灌溉制度

4.1.5.1 清潭村内哨组站区调查点

表4-25　清潭村内哨组站区调查点农田灌溉制度

年份	作物名称	灌溉时间	作物物候期	灌溉水源	灌溉方式	灌溉量（mm）
2007	早稻	2007-04-02	耙田	地表水	沟灌	15
2007	早稻	2007-04-11	返青期	地表水	沟灌	5
2007	晚稻	2007-07-31	耕地	地表水	沟灌	20
2007	晚稻	2007-08-07	返青期	地表水	沟灌	10
2007	晚稻	2007-08-16	分蘖期	地表水	沟灌	10
2007	晚稻	2007-08-28	分蘖期	地表水	沟灌	15
2007	晚稻	2007-09-15	拔节期	地表水	沟灌	20
2007	晚稻	2007-09-27	抽穗期	地表水	沟灌	10
2007	晚稻	2007-10-11	灌浆期	地表水	沟灌	20

4.1.6 作物生育动态

4.1.6.1 水稻生育动态

表 4-26 思恩镇清潭村内哨组站区调查点水稻生育动态

年份	作物品种	播种期	出苗期	三叶期	移栽期	返青期	分蘖期	拔节期	抽穗期	蜡熟期	收获期
2007	早稻 宜香99	2007-03-16	2007-03-22	2007-04-07	2007-04-10	2007-04-16	2007-05-23	2007-06-15	2007-06-22	2007-07-28	2007-07-31
2007	晚稻 湘优24	2007-07-06	2007-07-10	2007-07-22	2007-08-06	2007-08-10	2007-08-12	2007-08-22	2007-09-22	2007-11-04	2007-11-08

4.1.6.2 玉米生育动态

表 4-27 旱地综合观测场玉米生育动态

年份	作物品种	播种期	出苗期	五叶期	拔节期	抽雄期	吐丝期	成熟期	收获期
2007	正大999	2007-03-14	2007-03-24	2007-04-10	2007-04-22	2007-05-22	2007-05-29	2007-07-15	2007-07-26

表 4-28 旱地辅助观测场玉米生育动态

年份	作物品种	播种期	出苗期	五叶期	拔节期	抽雄期	吐丝期	成熟期	收获期
2007	正大999	2007-03-14	2007-03-24	2007-04-10	2007-04-22	2007-05-22	2007-05-29	2007-07-15	2007-07-27

表 4-29 坡地顺坡垦植辅助观测场玉米生育动态

年份	作物品种	播种期	出苗期	五叶期	拔节期	抽雄期	吐丝期	成熟期	收获期
2007	正大999	2007-03-14	2007-03-24	2007-04-10	2007-04-23	2007-05-24	2007-06-01	2007-07-17	2007-07-30

表 4-30 德胜镇地罗村地罗组站区调查点玉米生育动态

年份	作物品种	播种期	出苗期	五叶期	拔节期	抽雄期	吐丝期	成熟期	收获期
2007	正大619	2007-03-19	2007-03-26	2007-04-15	2007-04-26	2007-05-23	2007-06-01	2007-07-13	2007-07-25

4.1.6.3 大豆生育动态

表 4-31 旱地综合观测场大豆生育动态

年份	作物品种	播种期	出苗期	开花期	结荚期	鼓粒期	成熟期	收获期
2007	桂春5号	2007-07-11	2007-07-15	2007-08-23	2007-09-01	2007-09-19	2007-10-15	2007-10-20

表 4-32 旱地辅助观测场大豆生育动态

年份	作物品种	播种期	出苗期	开花期	结荚期	鼓粒期	成熟期	收获期
2007	桂春5号	2007-07-11	2007-07-15	2007-08-23	2007-09-01	2007-09-19	2007-10-15	2007-10-20

表 4-33 德胜镇地罗村地罗组站区调查点大豆生育动态

年份	作物品种	播种期	出苗期	开花期	结荚期	鼓粒期	成熟期	收获期
2007	地方传统品种	2007-06-28	2007-07-03	2007-08-10	2007-08-18	2007-09-06	2007-09-28	2007-10-02

4.1.7　作物叶面积与生物量动态

4.1.7.1　旱地综合观测场

表 4-34　旱地综合观测场作物叶面积与生物量动态

作物名称：黄豆　作物品种：桂春 5 号

年份	月份	作物物候期	密度	群体高度	叶面积指数	调查株（穴）数	每株（穴）分蘖茎	地上部总鲜重	茎干重	叶干重	地上部总干重
2007	8	开花初期	4.3	56.67	1.20	6.00	5.13	286.20	40.15	49.09	89.23

4.1.7.2　坡地草本饲料辅助观测场

表 4-35　坡地草本饲料辅助观测场作物叶面积与生物量动态

作物名称：牧草　作物品种：桂牧 1 号

年份	月份	作物物候期	样点号	密度	群体高度	叶面积指数	调查株（穴）数	每株（穴）分蘖茎	地上部总鲜重	茎干重	叶干重	地上部总干重
2007	7	分蘖期	1	5.36	141.00		10.56		851.37		159.62	159.62
2007	8	拔节期	1	5.86	158.20		24.00		2 288.55	278.20	340.01	618.21

4.1.7.3　德胜镇地罗村地罗组站区调查点

表 4-36　德胜镇地罗村地罗组站区调查点作物叶面积与生物量动态

作物名称：黄豆　作物品种：地方传统品种

年份	月份	作物物候期	密度	群体高度	叶面积指数	调查株（穴）数	每株（穴）分蘖茎	地上部总鲜重	茎干重	叶干重	地上部总干重
2007	7	苗期	5.5	41.18	0.40	5.00	3.80	112.66	7.51	10.38	17.89
2007	9	鼓粒期	5.5	67.00	2.34	1.00	4.00	687.89	98.41	81.53	179.93

4.1.7.4　德胜镇地罗村冷坡组站区调查点

表 4-37　德胜镇地罗村冷坡组站区调查点作物叶面积与生物量动态

作物名称：桑树　作物品种：12 号

年份	月份	作物物候期	密度	群体高度	叶面积指数	调查株（穴）数	每株（穴）分蘖茎	地上部总鲜重	茎干重	叶干重	地上部总干重
2007	9	供叶期	7.86	125.12	3.18	11.00	2.41	538.55		119.26	
2007	12	冬伐期	7.86	130.52		11.00	2.41	976.54	419.07		419.07

4.1.7.5　思恩镇清潭村内哨组站区调查点

表 4-38　思恩镇清潭村内哨组站区调查点作物叶面积与生物量动态

日期	作物	作物品种	作物物候期	样点号	密度	群体高度	叶面积指数	调查株（穴）数	每株（穴）分蘖茎	地上部总鲜重	茎干重	叶干重	地上部总干重
2007-05-23	早稻	宜香 99	分蘖盛期	0	25	50.92	2.44	20	22.3	975.89		182.9	182.9
2007-07-04	早稻	宜香 99	灌浆期	0	25	96.2	6.83	20	17.8	3 405.3	692.6	229.6	922.2

（续）

日期	作物	作物品种	作物物候期	样点号	密度	群体高度	叶面积指数	调查株（穴）数	每株（穴）分蘖茎	地上部总鲜重	茎干重	叶干重	地上部总干重
2007-08-29	晚稻	湘优24	拔节期	0	16	69.08	1.4	16	12.5	538.81		102.4	102.4
2007-09-27	晚稻	湘优24	抽穗期	0	16	95.8	3.45	16	12.5	2 480.9			501

4.1.8 作物收获期植株性状

4.1.8.1 旱地综合观测场

表4-39 旱地综合观测场玉米收获期植株性状

作物名称：玉米　作物品种：正大999

年份	月份	作物物候期	考种调查株数	群体株高(cm)	结穗高度(cm)	空秆率(%)	茎粗(cm)	果穗长度(cm)	果穗结实长度(cm)	穗粗(cm)	穗行数(行)	行粒数(粒)	百粒重(g)	地上部总干重(g/m²)	籽粒干重(g/m²)
2007	7	收获期	20	253.3	93.5	1.5	2.49	17.4	16.4	4.93	15.9	34.6	27.77	255.3	143.5

表4-40 旱地综合观测场大豆收获期植株性状

作物名称：黄豆　作物品种：桂春5号

年份	月份	作物物候期	考种调查株数(株)	群体株高(cm)	单株荚数	每荚粒数(粒)	百粒重(g)	地上部总干重(g/m²)	籽粒干重(g/m²)
2007	10	收获期	23.33	63.46	31.50	1.75	14.10	16.38	6.69

4.1.8.2 德胜镇地罗村地罗组站区调查点

表4-41 德胜镇地罗村地罗组站区调查点玉米收获期植株性状

作物名称：玉米　作物品种：正大619

年份	月份	作物物候期	考种调查株数	群体株高(cm)	结穗高度(cm)	空秆率(%)	茎粗(cm)	果穗长度(cm)	果穗结实长度(cm)	穗粗(cm)	穗行数(行)	行粒数(粒)	百粒重(g)	地上部总干重(g/m²)	籽粒干重(g/m²)
2007	7	收获期	14	256.8	96.9		2.0	17.1	14.9	4.2	13.7	34.6	24.18	184.15	110.19

表4-42 德胜镇地罗村地罗组站区调查点大豆收获期植株性状

日期	作物品种	作物物候期	样方号	考种调查株数(株)	群体株高(cm)	单株荚数	每荚粒数(粒)	百粒重(g)	地上部总干重(g/m²)	籽粒干重(g/m²)
2007-10-02	地方传统品种	收获期	正大619	30	51	19.20	1.8	16.90	11.033	5.7

4.1.8.3 思恩镇清潭村内哨组站区调查点

表4-43 思恩镇清潭村内哨组站区调查点收获期植株性状

年份	月份	作物品种	作物物候期	考种调查穴数	单穴总茎数	群体株高(cm)	穗数	每穗粒数(粒)	每穗实粒数(粒)	千粒重(g)	地上部总干重(g/m²)	籽粒干重(g/m²)
2007	7	早稻宜香99	收获期	16	17.0	88.0	15.8	79.7	68.8	28.9	48.2	28.2
2007	11	晚稻湘优24	收获期	20.4	8.8	80.8	8.6	185.3	157.2	27.0	51.0	30.7

4.1.9 农田作物矿质元素含量与能值

4.1.9.1 旱地综合观测场

表 4-44 旱地综合观测场作物矿质元素含量与能值

年份	月份	作物名称	作物品种	采样部位	全碳 (g/kg)	全氮 (g/kg)	全磷 (g/kg)	全钾 (g/kg)	全钙 (g/kg)	全镁 (g/kg)	全铁 (g/kg)	全锰 (mg/kg)	全铜 (mg/kg)	全锌 (mg/kg)	全硅 (g/kg)	干重热值 (MJ/kg)	灰分 (%)
2007	5	玉米	正大999	叶	27.89	2.90	0.27	1.76	0.30	0.56	0.01	63.95	10.25	30.39	1.42	5 033.29	0.03
2007	5	玉米	正大999	茎秆	26.84	1.93	0.23	3.21	0.36	1.28	0.03	36.41	7.57	57.28	0.28	4 801.04	0.04
2007	5	玉米	正大999	根部	29.01	1.37	0.10	1.10	0.18	0.35	0.33	146.41	9.95	39.95	—	4 928.93	0.04
2007	5	玉米	正大999	叶鞘	26.89	1.71	0.20	1.77	0.37	1.10	0.01	81.80	5.08	26.87	1.28	4 332.06	0.03
2007	5	玉米	正大999	雄穗	31.41	3.38	0.53	2.57	0.08	0.36	0.01	20.75	10.00	63.09	—	5 597.85	0.02
2007	6	玉米	正大999	叶	34.9	2.8	0.3	2.0	0.4	0.7	0.0	65.8	9.4	30.6	1.5	5 054.0	0.0
2007	6	玉米	正大999	茎秆	38.2	1.3	0.1	0.9	0.1	0.5	0.0	17.4	5.3	28.2	1.0	4 819.7	0.0
2007	6	玉米	正大999	根部	38.1	2.3	0.1	1.0	0.9	0.5	0.0	43.3	7.7	23.5	0.2	5 305.0	0.0
2007	6	玉米	正大999	叶鞘	35.1	1.1	0.1	1.3	0.3	0.7	0.0	105.8	4.0	13.9	1.1	4 647.7	0.0
2007	6	玉米	正大999	雄穗	48.8	1.2	0.2	0.8	0.1	0.2	0.0	16.5	3.7	29.9	0.3	5 196.3	0.0
2007	6	玉米	正大999	雌穗	39.2	2.2	0.3	1.9	0.1	0.2	0.0	15.5	5.8	31.7	0.0	5 279.9	0.0
2007	7	玉米	正大999	叶	44.75	0.95	0.06	0.64	0.58	0.72	0.06	133.24	8.07	18.01	0.63	5 450.59	0.05
2007	7	玉米	正大999	茎秆	44.99	1.07	0.06	0.90	0.52	0.52	0.02	69.12	7.19	17.42	0.47	5 043.95	0.03
2007	7	玉米	正大999	根部	47.49	1.03	0.05	1.58	0.22	0.22	0.07	41.07	5.56	12.63	0.78	5 003.95	0.02
2007	8	黄豆	桂春5号	叶	47.34	3.30	0.27	1.00	1.25	1.25	0.03	133.87	11.28	99.04	0.28	5 139.86	0.06
2007	8	黄豆	桂春5号	茎秆	46.67	1.43	0.19	1.03	0.74	0.74	0.01	34.11	11.14	22.57	0.36	5 269.07	0.04
2007	8	黄豆	桂春5号	根部	46.77	1.11	0.14	0.53	0.43	0.43	0.07	49.48	9.92	17.75	0.15	5 489.86	0.03

4.1.9.2 坡地草本饲料辅助观测场

表 4-45 坡地草本饲料辅助观测场作物矿质元素含量与能值

作物名称：牧草　作物品种：桂牧1号

年份	月份	采样部位	全碳 (g/kg)	全氮 (g/kg)	全磷 (g/kg)	全钾 (g/kg)	全钙 (g/kg)	全镁 (g/kg)	全铁 (g/kg)	全锰 (mg/kg)	全铜 (mg/kg)	全锌 (mg/kg)	全硅 (g/kg)	干重热值 (MJ/kg)	灰分 (%)
2007	5	地上营养体	43.3	0.7	0.1	1.2	0.8	0.8	0.0	14.5	4.9	24.6	0.9	4 976.2	0.0
2007	8	叶部	45.09	0.71	0.10	1.03	0.95	0.95	0.00	16.77	3.96	25.11	0.53	5 172.78	0.06
2007	8	茎秆	47.35	0.17	0.04	0.54	0.55	0.55	0.02	11.18	5.12	24.33	1.22	4 962.92	0.02
2007	8	全部地上营养体	45.1	0.5	0.1	0.9	0.8	0.8	0.0	15.9	4.2	25.2	1.6	5 035.7	0.0

4.1.9.3 坡地顺坡垦植辅助观测场

表 4-46 坡地顺坡垦植辅助观测场作物矿质元素含量与能值

作物名称：玉米　作物品种：正大999

年份	月份	采样部位	全碳 (g/kg)	全氮 (g/kg)	全磷 (g/kg)	全钾 (g/kg)	全钙 (g/kg)	全镁 (g/kg)	全铁 (g/kg)	全锰 (mg/kg)	全铜 (mg/kg)	全锌 (mg/kg)	全硅 (g/kg)	干重热值 (MJ/kg)	灰分 (%)
2007	6	叶	42.6	2.7	0.2	1.3	0.5	1.0	0.0	45.6	9.3	26.4	0.3	5 164.5	0.0
2007	6	茎秆	38.2	0.9	0.1	1.1	0.1	0.5	0.0	10.9	5.9	23.0	0.1	4 902.1	0.0
2007	6	根部	39.0	1.1	0.1	0.8	0.2	0.3	0.0	33.5	4.4	14.4	0.3	5 133.1	0.0
2007	6	叶鞘	36.3	0.9	0.1	1.4	0.3	1.0	0.0	90.9	3.6	18.7	0.5	4 799.0	0.0
2007	6	雄穗	30.77	1.02	0.10	1.12	0.19	0.52	0.01	33.28	3.65	59.50	0.39	—	—
2007	6	雌穗	49.1	1.9	0.3	1.5	0.1	0.3	0.0	15.0	5.9	35.4	8.0	5 134.6	0.0

4.1.9.4 德胜镇地罗村冷坡组站区调查点

表4-47 德胜镇地罗村冷坡组站区调查点作物矿质元素含量与能值

作物名称：桑树 作物品种：12号

年份	月份	采样部位	全碳 (g/kg)	全氮 (g/kg)	全磷 (g/kg)	全钾 (g/kg)	全钙 (g/kg)	全镁 (g/kg)	全铁 (g/kg)	全锰 (mg/kg)	全铜 (mg/kg)	全锌 (mg/kg)	全硅 (g/kg)	干重热值 (MJ/kg)	灰分 (%)
2007	5	桑叶	43.02	3.63	0.30	2.16	1.36	0.97	0.01	90.48	7.71	26.63	0.71	5 234.65	0.04
2007	7	桑叶	51.24	3.34	0.33	2.17	1.34	0.74	0.01	112.32	8.05	29.41	0.54	5 263.15	0.08
2007	7	茎秆	47.16	3.41	0.34	1.62	1.81	0.87	0.02	112.77	8.31	26.56	0.50	5 262.34	0.07
2007	7	根部	49.44	0.64	0.12	0.62	0.36	0.11	0.00	13.28	4.98	9.36	3.52	4 570.15	0.01
2007	9	桑叶	47.22	3.63	0.30	1.89	0.86	0.86	0.02	88.58	8.16	33.76	0.35	5 360.12	0.08

4.1.9.5 德胜镇地罗村冷坡组站区调查点

表4-48 德胜镇地罗村地罗组站区调查点作物矿质元素含量与能值

年份	月份	作物名称	作物品种	采样部位	全碳 (g/kg)	全氮 (g/kg)	全磷 (g/kg)	全钾 (g/kg)	全钙 (g/kg)	全镁 (g/kg)	全铁 (g/kg)	全锰 (mg/kg)	全铜 (mg/kg)	全锌 (mg/kg)	全硅 (g/kg)	干重热值 (MJ/kg)	灰分 (%)
2007	7	玉米	正大619	根部	47.51	0.44	0.05	1.86	0.14	0.14	0.03	12.04	8.69	14.38	0.43	5 213.94	0.02
2007	7	玉米	正大619	地上部分	46.12	0.55	0.06	0.97	0.28	0.28	0.02	33.68	6.97	19.28	0.38	5 214.05	0.02
2007	9	黄豆	地方品种	叶片	47.85	3.88	0.22	1.30	0.63	0.63	0.02	125.70	8.43	60.10	0.90	5 008.15	0.03
2007	9	黄豆	地方品种	茎秆	45.57	1.36	0.18	1.51	0.44	0.44	0.01	38.85	7.35	21.41	—	—	0.05
2007	9	黄豆	地方品种	全植株	46.38	2.78	0.27	1.60	0.62	0.62	0.04	93.65	11.50	44.30	0.13	5 194.30	0.04

4.1.9.6 思恩镇清潭村内哨组站区调查点

表4-49 思恩镇清潭村内哨组站区调查点作物矿质元素含量与能值

年份	月份	作物名称	作物品种	采样部位	全碳 (g/kg)	全氮 (g/kg)	全磷 (g/kg)	全钾 (g/kg)	全钙 (g/kg)	全镁 (g/kg)	全铁 (g/kg)	全锰 (mg/kg)	全铜 (mg/kg)	全锌 (mg/kg)	全硅 (g/kg)	干重热值 (MJ/kg)	灰分 (%)
2007	5	早稻	宜香99	地上营养体	27.79	2.77	0.28	2.93	0.44	0.35	0.02	113.79	4.92	19.80	2.97	5 006.05	0.05
2007	5	早稻	宜香99	根部	26.70	1.30	0.23	1.70	0.27	0.35	1.51	78.14	6.81	55.58	2.54	4 543.53	0.06
2007	8	晚稻	湘优24	地上营养体	45.55	3.02	0.24	2.98	0.23	0.23	0.04	78.63	3.48	19.75	4.91	4 631.82	0.06
2007	8	晚稻	湘优24	根部	42.07	1.49	0.19	1.17	0.26	0.26	2.02	83.57	7.26	41.64	1.61	5 094.78	0.12

4.1.10 分析方法

表4-50 分析方法

表名称	分析项目名称	分析方法名称	参照国标名称
农田作物元素含量与能值	全碳（g/kg）	重铬酸钾氧化—外加热法	GB 7857—87
农田作物元素含量与能值	全氮（g/kg）	硫酸—高氯酸硝煮蒸馏法	GB7888—87
农田作物元素含量与能值	全磷（g/kg）	硫酸—高氯酸硝煮紫外分光光度法	GB7888—87
农田作物元素含量与能值	全钾（g/kg）	硫酸—高氯酸硝煮原子吸收法	GB7888—87
农田作物元素含量与能值	全钙（g/kg）	硝酸—高氯酸硝煮原子吸收法	GB7887—87
农田作物元素含量与能值	全镁（g/kg）	硝酸—高氯酸硝煮原子吸收法	GB7887—87
农田作物元素含量与能值	全铁（g/kg）	硝酸—高氯酸硝煮原子吸收法	GB7887—87
农田作物元素含量与能值	全锰（g/kg）	硝酸—高氯酸硝煮原子吸收法	GB7887—87
农田作物元素含量与能值	全铜（g/kg）	硝酸—高氯酸硝煮原子吸收法	GB7887—87
农田作物元素含量与能值	全锌（mg/kg）	硝酸—高氯酸硝煮原子吸收法	GB7887—87
农田作物元素含量与能值	全硅（g/kg）	硝酸—高氯酸硝煮质量法	GB7887—87
农田作物元素含量与能值	干重热值（MJ/kg）	氧弹法测定	

4.2 土壤监测数据

4.2.1 土壤交换量

4.2.1.1 旱地综合观测场

表4-51 旱地综合观测场土壤交换量

土壤类型：棕色石灰土　母质：石灰岩

年份	作物	采样深度 (cm)	交换性钙离子 [mmol/kg (1/2Ca^{2+})]	交换性镁离子 [mmol/kg (1/2 mg^{2+})]	交换性钾离子 [mmol/kg (K$^+$)]	交换性钠离子 [mmol/kg (Na$^+$)]	交换性铝离子 [mmol/kg (1/3Al^{3+})]	交换性氢 [mmol/kg (H$^+$)]	阳离子交换量 [mmol/kg (+)]
2006	玉米、黄豆	0～20cm	99.597	56.733	2.615	1.111	2.089	1.662	210.785

4.2.1.2 旱地辅助观测场

表4-52 旱地辅助观测场土壤交换量

土壤类型：棕色石灰土　母质：石灰岩

年份	作物	采样深度 (cm)	交换性钙离子 [mmol/kg (1/2Ca^{2+})]	交换性镁离子 [mmol/kg (1/2 mg^{2+})]	交换性钾离子 [mmol/kg (K$^+$)]	交换性钠离子 [mmol/kg (Na$^+$)]	交换性铝离子 [mmol/kg (1/3Al^{3+})]	交换性氢 [mmol/kg (H$^+$)]	阳离子交换量 [mmol/kg (+)]
2006	玉米、大豆	0～20cm	130.48	82.58	2.67	10.19	1.24	1.24	233.52
2006	玉米、大豆	0～20cm	152.40	84.50	1.88	0.24	1.24	1.24	233.57
2006	玉米、大豆	0～20cm	138.17	65.18	1.60	0.42			226.99
2006	玉米、大豆	0～20cm	132.62	73.07	1.34	0.45			214.88
2006	玉米、大豆	0～20cm	135.47	65.29	1.79	0.78			227.58
2006	玉米、大豆	0～20cm	153.50	81.55	2.75	0.83			236.09

4.2.1.3　坡地草本饲料辅助观测场

表 4-53　坡地草本饲料辅助观测场土壤交换量

土壤类型：棕色石灰土　母质：石灰岩

年份	作物	采样深度 (cm)	样区	交换性钙离子 [mmol/kg (1/2Ca^{2+})]	交换性镁离子 [mmol/kg (1/2 mg^{2+})]	交换性钾离子 [mmol/kg (K$^+$)]	交换性钠离子 [mmol/kg (Na$^+$)]	交换性铝离子 [mmol/kg (1/3Al^{3+})]	交换性氢 [mmol/kg (H$^+$)]	阳离子交换量 [mmol/kg (+)]
2006	桂牧一号	0~20cm	上坡位	266.24	162.30	2.62	0.79			392.44
2006	桂牧一号	0~20cm	中坡位	236.67	134.75	2.50	1.07			330.39
2006	桂牧一号	0~20cm	下坡位	282.87	153.65	3.16	1.38			367.21

4.2.1.4　坡地顺坡垦植辅助观测场

表 4-54　坡地顺坡垦植辅助观测场土壤交换量

土壤类型：棕色石灰土　母质：石灰岩

年份	作物	采样深度 (cm)	样区	交换性钙离子 [mmol/kg (1/2Ca^{2+})]	交换性镁离子 [mmol/kg (1/2 mg^{2+})]	交换性钾离子 [mmol/kg (K$^+$)]	交换性钠离子 [mmol/kg (Na$^+$)]	交换性铝离子 [mmol/kg (1/3Al^{3+})]	交换性氢 [mmol/kg (H$^+$)]	阳离子交换量 [mmol/kg (+)]
2006	玉米	0~20cm	上坡位	292.59	151.90	1.82	1.03			389.25
2006	玉米	0~20cm	中坡位	243.36	120.43	4.15	0.56			377.88
2006	玉米	0~20cm	下坡位	290.56	165.77	2.24	0.55			431.85

4.2.2　土壤养分

4.2.2.1　旱地综合观测场

表 4-55　旱地综合观测场土壤养分

土壤类型：棕色石灰土　母质：石灰岩

年份	作物	采样深度 (cm)	土壤有机质 (g/kg)	全氮 (g/kg)	全磷 (g/kg)	全钾 (g/kg)	速效氮 碱解氮 (mg/kg)	有效磷 (mg/kg)	速效钾 (mg/kg)	缓效钾 (mg/kg)	水溶液 提 pH
2007	玉米、黄豆	0~18cm	36.52	1.70	0.83	7.05					
2007	玉米、黄豆	18~35cm	28.32	1.30	0.70	7.44					
2007	玉米、黄豆	35~56cm	21.12	1.32	0.68	7.45					
2007	玉米、黄豆	56~100cm	16.05	1.28	0.67	8.18					
2006	玉米、黄豆	0~20cm		1.87						241.23	

4.2.2.2　辅助旱地观测场

表 4-56　辅助旱地观测场土壤养分

土壤类型：棕色石灰土　母质：石灰岩

年份	作物	采样深度 (cm)	土壤有机质 (g/kg)	全氮 (g/kg)	全磷 (g/kg)	全钾 (g/kg)	速效氮 碱解氮 (mg/kg)	有效磷 (mg/kg)	速效钾 (mg/kg)	缓效钾 (mg/kg)	水溶液 提 pH
2006	玉米、大豆	0~16cm	42.46	1.79	1.15	8.81					
2006	玉米、大豆	16~25cm	34.33	1.71	1.00	9.12					
2006	玉米、大豆	25~43cm	38.94	1.70	1.07	8.49					
2006	玉米、大豆	43~70cm	24.15	1.35	0.84	8.39					

(续)

年份	作物	采样深度 (cm)	土壤有机质 (g/kg)	全氮 (g/kg)	全磷 (g/kg)	全钾 (g/kg)	速效氮 碱解氮 (mg/kg)	有效磷 (mg/kg)	速效钾 (mg/kg)	缓效钾 (mg/kg)	水溶液 提 pH
2006	玉米、大豆	70~110cm	20.62	1.24	1.02	9.02					
2006	玉米、大豆	0~20cm		2.11						252.58	

4.2.2.3 坡地草本饲料辅助观测场

表 4-57 坡地草本饲料辅助观测场土壤养分

土壤类型：棕色石灰土　母质：石灰岩

年份	作物	采样深度 (cm)	土壤有机质 (g/kg)	全氮 (g/kg)	全磷 (g/kg)	全钾 (g/kg)	速效氮 碱解氮 (mg/kg)	有效磷 (mg/kg)	速效钾 (mg/kg)	缓效钾 (mg/kg)	水溶液 提 pH
2006	桂牧一号	0~10cm	116.46	5.66	1.14	8.11					
2006	桂牧一号	10~19cm	59.55	3.37	0.96	9.07					
2006	桂牧一号	19~33.5cm	41.89	2.54	0.84	8.81					
2006	桂牧一号	33.5~75cm	23.46	2.02	0.63	10.71					
2006	桂牧一号	0~20cm	108.97	4.22			283.62	2.60	77.23	270.62	7.75

4.2.2.4 坡地顺坡垦植辅助观测场

表 4-58 坡地顺坡垦植辅助观测场土壤养分

土壤类型：棕色石灰土　母质：石灰岩

年份	作物	采样深度 (cm)	土壤有机质 (g/kg)	全氮 (g/kg)	全磷 (g/kg)	全钾 (g/kg)	速效氮 碱解氮 (mg/kg)	有效磷 (mg/kg)	速效钾 (mg/kg)	缓效钾 (mg/kg)	水溶液 提 pH
2007	玉米	0~15cm	63.10	3.36	1.14	8.49					
2007	玉米	0~15cm	63.10	3.36	1.14	8.49					
2007	玉米	24.5~61cm	35.78	2.44	0.79	8.90					
2006	玉米	0~20cm	107.54	4.02			304.52	2.40	79.99	273.86	7.73

4.2.2.5 德胜镇地罗村冷坡组站区调查点采样地

表 4-59 德胜镇地罗村冷坡组站区调查点采样地土壤养分

土壤类型：棕色石灰土　母质：石灰岩

年份	作物	采样深度 (cm)	土壤有机质 (g/kg)	全氮 (g/kg)	全磷 (g/kg)	全钾 (g/kg)	速效氮 碱解氮 (mg/kg)	有效磷 (mg/kg)	速效钾 (mg/kg)	缓效钾 (mg/kg)	水溶液 提 pH
2007	桑苗	0~13cm	66.16	1.82	0.94	3.39					
2007	桑苗	13~27cm	18.40	1.11	0.89	3.25					
2007	桑苗	27~56cm	8.05	0.63	0.90	3.63					
2007	桑苗	56~103cm	6.42	0.51	0.71	4.33					

4.2.2.6 德胜镇地罗村地罗组站区调查点采样地

表 4-60 德胜镇地罗村地罗组站区调查点采样地土壤养分

土壤类型：棕色石灰土　母质：石灰岩

年份	作物	采样深度 (cm)	土壤有机质 (g/kg)	全氮 (g/kg)	全磷 (g/kg)	全钾 (g/kg)	速效氮 碱解氮 (mg/kg)	有效磷 (mg/kg)	速效钾 (mg/kg)	缓效钾 (mg/kg)	水溶液 提 pH
2007	玉米、黄豆	0~18.5cm	26.00	1.47	0.76	4.20					
2007	玉米、黄豆	18.5~55cm	18.31	1.15	0.57	3.77					
2007	玉米、黄豆	55~91cm	16.57	1.02	0.50	4.63					

4.2.2.7 思恩镇清潭村下哨组站区调查点采样地

表 4-61 思恩镇清潭村下哨组站区调查点采样地土壤养分

土壤类型：棕色石灰土　母质：石灰岩

年份	作物	采样深度 (cm)	土壤有机质 (g/kg)	全氮 (g/kg)	全磷 (g/kg)	全钾 (g/kg)	速效氮 碱解氮 (mg/kg)	有效磷 (mg/kg)	速效钾 (mg/kg)	缓效钾 (mg/kg)	水溶液 提 pH
2007	甘蔗	0~14cm	31.66	3.25	1.20	7.24					
2007	甘蔗	14~26cm	33.00	1.94	1.10	7.71					
2007	甘蔗	26~42cm	15.33	0.96	1.25	7.70					
2007	甘蔗	42~62cm	13.29	0.77	0.96	7.23					
2007	甘蔗	62~110cm	4.91	0.65	0.51	7.21					

4.2.2.8 思恩镇清潭村内哨组站区调查点采样地

表 4-62 思恩镇清潭村内哨组站区调查点采样地土壤养分

土壤类型：潜育性水稻土　母质：石灰岩

年份	作物	采样深度 (cm)	土壤有机质 (g/kg)	全氮 (g/kg)	全磷 (g/kg)	全钾 (g/kg)	速效氮 碱解氮 (mg/kg)	有效磷 (mg/kg)	速效钾 (mg/kg)	缓效钾 (mg/kg)	水溶液 提 pH
2006	水稻	0~15cm	84.03	2.34	0.34	6.94					
2006	水稻	15~23cm	14.18	0.99	0.19	7.66					
2006	水稻	23~55cm	7.04	0.29	0.26	5.20					
2006	水稻	55~100cm	2.18	0.15	0.19	5.24					
2006	水稻	0~10cm	67.31	3.56			263.49	8.65	50.11	190.1	6.93
2006	水稻	10~20cm	47.34	2.43			181.30	5.05	39.18	116.93	

4.2.3 土壤矿质全量

4.2.3.1 旱地综合观测场

表 4-63 旱地综合观测场土壤矿质全量

土壤类型：棕色石灰土　母质：石灰岩

年份	作物	采样深度 (cm)	硅 (g/kg)	铁 (g/kg)	锰 (g/kg)	钛 (g/kg)	铝 (g/kg)	硫 (g/kg)	钙 (g/kg)	镁 (g/kg)	钾 (g/kg)	钠 (g/kg)
2007	玉米、黄豆	0~18cm	282.34	49.22	2.15	5.94	71.33	3.48	2.87	5.16	7.05	8.36

（续）

年份	作物	采样深度 （cm）	硅 （g/kg）	铁 （g/kg）	锰 （g/kg）	钛 （g/kg）	铝 （g/kg）	硫 （g/kg）	钙 （g/kg）	镁 （g/kg）	钾 （g/kg）	钠 （g/kg）
2007	玉米、黄豆	18～35cm	264.58	61.99	2.53	5.77	81.15	1.92	2.89	5.87	7.43	8.03
2007	玉米、黄豆	35～56cm	189.36	70.95	1.99	6.39	102.87	2.28	2.14	6.75	7.45	11.13
2007	玉米、黄豆	56～100cm	210.06	81.97	2.56	5.49	114.59	0.78	2.02	7.58	8.17	8.50

4.2.3.2 旱地辅助观测场

表 4－64 旱地辅助观测场土壤矿质全量

土壤类型：棕色石灰土 母质：石灰岩

年份	作物	采样深度 （cm）	硅 （g/kg）	铁 （g/kg）	锰 （g/kg）	钛 （g/kg）	铝 （g/kg）	硫 （g/kg）	钙 （g/kg）	镁 （g/kg）	钾 （g/kg）	钠 （g/kg）
2006	玉米、大豆	0～16cm	235.59	56.29	2.84	6.82	92.37	3.84	4.69	9.73	8.80	8.58
2006	玉米、大豆	16～25cm	223.77	59.32	2.61	6.54	100.22	2.76	5.34	11.25	9.11	8.18
2006	玉米、大豆	25～43cm	219.09	61.36	3.20	6.97	98.00	3.48	5.40	10.89	8.49	8.42
2006	玉米、大豆	43～70cm	229.36	62.33	1.95	7.21	94.48	1.56	4.57	10.48	8.39	8.14
2006	玉米、大豆	70～110cm	225.07	66.00	1.75	6.78	102.59	2.28	3.68	10.79	9.02	8.09

4.2.3.3 坡地草本饲料辅助观测场

表 4－65 坡地草本饲料辅助观测场土壤矿质全量

土壤类型：棕色石灰土 母质：石灰岩

年份	作物	采样深度 （cm）	硅 （g/kg）	铁 （g/kg）	锰 （g/kg）	钛 （g/kg）	铝 （g/kg）	硫 （g/kg）	钙 （g/kg）	镁 （g/kg）	钾 （g/kg）	钠 （g/kg）
2006	桂牧一号	0～10cm	163.28	55.42	1.41	4.95	102.20	9.70	7.41	14.02	8.10	8.51
2006	桂牧一号	10～19cm	178.79	63.29	1.45	5.49	114.73	4.50	5.39	15.02	9.07	8.23
2006	桂牧一号	19～33.5cm	165.29	62.36	1.42	5.31	113.84	1.92	14.60	20.15	8.80	8.24
2006	桂牧一号	33.5～75cm	156.46	77.22	1.00	5.12	139.41	1.56	3.46	13.43	10.70	8.92

4.2.3.4 坡地顺坡垦植辅助观测场

表 4－66 坡地顺坡垦植辅助观测场土壤矿质全量

土壤类型：棕色石灰土 母质：石灰岩

年份	作物	采样深度 （cm）	硅 （g/kg）	铁 （g/kg）	锰 （g/kg）	钛 （g/kg）	铝 （g/kg）	硫 （g/kg）	钙 （g/kg）	镁 （g/kg）	钾 （g/kg）	钠 （g/kg）
2007	玉米	0～15cm	165.12	59.61	1.72	4.94	105.22	2.76	21.62	23.23	8.49	7.86
2007	玉米	15～24.5cm	177.65	63.19	1.68	5.35	113.55	4.68	5.46	14.70	8.44	8.61
2007	玉米	24.5～61cm	166.67	70.22	1.26	5.15	126.74	3.48	3.73	13.70	8.90	9.32

4.2.4 土壤微量元素和重金属元素

4.2.4.1 旱地综合观测场

表 4 - 67 旱地综合观测场土壤微量元素和重金属元素

土壤类型：棕色石灰土　母质：石灰岩

年份	作物	采样深度 (cm)	全硼 (mg/kg)	全钼 (mg/kg)	全锰 (mg/kg)	全锌 (mg/kg)	全铜 (mg/kg)	全铁 (mg/kg)	硒 (mg/kg)	钴 (mg/kg)	镉 (mg/kg)	铅 (mg/kg)	铬 (mg/kg)	镍 (mg/kg)	汞 (mg/kg)	砷 (mg/kg)
2007	玉米、黄豆	0~18cm	62.95	0.93	2 839.91	311.26	41.68	41 652.8	0.51	28.50	0.09	74.64	136.09	96.57	0.14	26.74
2007	玉米、黄豆	18~35cm	65.27	1.23	2 844.60	329.25	39.03	45 614.0	0.48	28.60	0.09	70.86	144.70	100.29	0.15	30.24
2007	玉米、黄豆	35~56cm	80.85	0.66	3 131.30	437.37	46.71	58 378.0	0.46	29.78	0.11	65.22	166.18	137.81	0.33	36.96
2007	玉米、黄豆	56~100cm	96.98	0.94	3 549.79	501.91	50.35	67 128.2	0.35	32.52	0.14	74.74	178.90	167.63	0.36	39.42

4.2.4.2 旱地辅助观测场

表 4 - 68 旱地辅助观测场土壤微量元素和重金属元素

土壤类型：棕色石灰土　母质：石灰岩

年份	作物	采样深度 (cm)	全硼 (mg/kg)	全钼 (mg/kg)	全锰 (mg/kg)	全锌 (mg/kg)	全铜 (mg/kg)	全铁 (mg/kg)	硒 (mg/kg)	钴 (mg/kg)	镉 (mg/kg)	铅 (mg/kg)	铬 (mg/kg)	镍 (mg/kg)	汞 (mg/kg)	砷 (mg/kg)
2006	玉米、大豆	0~16cm	68.79	0.43	2 930.19	354.03	41.27	50 654.8	0.56	27.73	0.10	72.54	143.81	117.51	0.15	31.00
2006	玉米、大豆	16~25cm	76.13	1.16	2 467.52	389.84	42.19	56 312.9	0.40	27.31	0.11	66.21	158.89	131.34	0.14	32.89
2006	玉米、大豆	25~43cm	79.87	0.63	3 662.11	409.50	45.23	58 108.4	0.27	31.74	0.14	75.12	166.18	135.34	0.17	33.34
2006	玉米、大豆	43~70cm	85.05	0.46	5 103.64	433.81	47.04	61 329.5	0.24	35.13	0.20	74.83	176.21	137.81	0.25	32.36
2006	玉米、大豆	70~110cm	85.26	0.53	4 125.95	441.89	49.66	61 558.2	0.18	29.85	0.17	65.96	181.61	147.06	0.27	31.54

4.2.4.3 坡地草本饲料辅助观测场

表 4 - 69 坡地草本饲料辅助观测场土壤微量元素和重金属元素

土壤类型：棕色石灰土　母质：石灰岩

年份	作物	采样深度 (cm)	全硼 (mg/kg)	全钼 (mg/kg)	全锰 (mg/kg)	全锌 (mg/kg)	全铜 (mg/kg)	全铁 (mg/kg)	硒 (mg/kg)	钴 (mg/kg)	镉 (mg/kg)	铅 (mg/kg)	铬 (mg/kg)	镍 (mg/kg)	汞 (mg/kg)	砷 (mg/kg)
2006	桂牧一号	0~10cm	76.22	1.02	1 627.23	385.01	38.31	53 828.2	0.75	20.97	0.09	56.85	163.19	133.22	0.22	31.18
2006	桂牧一号	10~19cm	88.06	0.52	1 484.07	422.67	40.04	61 951.3	0.65	24.26	0.09	58.28	188.27	158.41	0.21	33.34
2006	桂牧一号	19~33.5cm	76.85	0.00	1 239.10	376.56	39.57	54 815.9	0.57	20.63	0.09	41.30	166.39	149.53	0.20	31.05
2006	桂牧一号	33.5~75cm	106.88	0.53	873.00	440.66	49.35	73 685.8	0.51	21.77	0.08	42.58	212.39	216.51	0.35	37.14

4.2.4.4 坡地顺坡垦植辅助观测场

表 4 - 70 坡地顺坡垦植辅助观测场土壤微量元素和重金属元素

土壤类型：棕色石灰土　母质：石灰岩

年份	作物	采样深度 (cm)	全硼 (mg/kg)	全钼 (mg/kg)	全锰 (mg/kg)	全锌 (mg/kg)	全铜 (mg/kg)	全铁 (mg/kg)	硒 (mg/kg)	钴 (mg/kg)	镉 (mg/kg)	铅 (mg/kg)	铬 (mg/kg)	镍 (mg/kg)	汞 (mg/kg)	砷 (mg/kg)
2007	玉米	0~15cm	76.00	0.00	1 647.56	388.12	42.49	54 430.9	0.58	20.97	0.10	57.30	158.83	138.16	0.10	32.09
2007	玉米	15~24.5cm	88.85	0.56	1 907.74	426.50	42.58	63 537.5	0.61	25.04	0.10	60.06	182.38	157.85	0.16	32.97
2007	玉米	24.5~61cm	96.41	0.93	1 253.95	442.86	45.57	70 225.3	0.81	23.37	0.09	54.38	197.45	177.04	0.23	35.16

4.2.5 土壤机械组成

4.2.5.1 旱地综合观测场

表 4-71 旱地综合观测场土壤机械组成

土壤类型：棕色石灰土 母质：石灰岩

日期	作物	采样深度 （cm）	2～0.05mm 沙粒百分率	0.05～0.002mm 粉粒百分率	小于0.002mm 黏粒百分率	土壤质地 名称
2007-01-23	玉米、黄豆	0～18cm	23.79	34.29	36.85	黏壤土
2007-01-23	玉米、黄豆	18～35cm	16.32	38.40	41.90	黏土
2007-01-23	玉米、黄豆	35～56cm	7.36	31.27	57.29	黏土
2007-01-23	玉米、黄豆	56～100cm	12.49	18.16	65.97	黏土

4.2.5.2 旱地辅助观测场

表 4-72 旱地辅助观测场土壤机械组成

土壤类型：棕色石灰土 母质：石灰岩

日期	作物	采样深度 （cm）	2～0.05mm 沙粒百分率	0.05～0.002mm 粉粒百分率	小于0.002mm 黏粒百分率	土壤质地 名称
2006-12-11	玉米、大豆	0～16cm	11.20	37.09	51.71	黏土
2006-12-11	玉米、大豆	16～25cm	6.63	34.11	59.26	黏土
2006-12-11	玉米、大豆	25～43cm	5.56	34.04	60.40	黏土
2006-12-11	玉米、大豆	43～70cm	16.63	29.61	53.76	黏土
2006-12-11	玉米、大豆	70～110cm	10.13	33.19	56.68	黏土

4.2.5.3 坡地草本饲料辅助观测场

表 4-73 坡地草本饲料辅助观测场土壤机械组成

土壤类型：棕色石灰土 母质：石灰岩

日期	作物	采样深度 （cm）	2～0.05mm 沙粒百分率	0.05～0.002mm 粉粒百分率	小于0.002mm 黏粒百分率	土壤质地 名称
2006-12-10	桂牧一号	0～10cm	19.62	36.68	43.70	黏土
2006-12-10	桂牧一号	10～19cm	1.78	31.31	66.91	黏土
2006-12-10	桂牧一号	19～33.5cm	14.42	25.46	60.12	黏土
2006-12-10	桂牧一号	33.5～75cm	0.00	16.96	83.04	黏土

4.2.5.4 坡地顺坡垦植辅助观测场

表 4-74 坡地顺坡垦植辅助观测场土壤机械组成

土壤类型：棕色石灰土 母质：石灰岩

日期	作物	采样深度 （cm）	2～0.05mm 沙粒百分率	0.05～0.002mm 粉粒百分率	小于0.002mm 黏粒百分率	土壤质地 名称
2007-01-24	玉米	0～15cm	19.53	31.79	48.68	黏土
2007-01-24	玉米	15～24.5cm	14.75	31.02	54.23	黏土
2007-01-24	玉米	24.5～61cm	14.93	25.16	59.90	黏土

4.2.6　土壤容重

4.2.6.1　气象观测场

表 4 - 75　气象观测场土壤容重

土壤类型：棕色石灰土　　母质：石灰岩

年份	作物	采样深度 （cm）	土壤容重平均值 （g/m³）	均方差	样本数
2007	人工草地	0～15cm	1.18	0.04	3
2007	人工草地	15～29cm	1.39	0.06	3
2007	人工草地	29～55cm	1.34	0.04	3
2007	人工草地	55～104cm	1.39	0.01	3

4.2.6.2　旱地综合观测场

表 4 - 76　旱地综合观测场土壤容重

土壤类型：棕色石灰土　　母质：石灰岩

年份	作物	采样深度 （cm）	土壤容重平均值 （g/m³）	均方差	样本数
2007	玉米、大豆	0～18cm	1.23	0.03	3
2007	玉米、大豆	18～35cm	1.43	0.01	3
2007	玉米、大豆	35～56cm	1.36	0.03	3
2007	玉米、大豆	56～100cm	1.26	0.01	3

4.2.6.3　旱地辅助观测场

表 4 - 77　旱地辅助观测场土壤容重

土壤类型：棕色石灰土　　母质：石灰岩

年份	作物	采样深度 （cm）	土壤容重平均值 （g/m³）	均方差	样本数
2007	玉米、大豆	0～16cm	1.29	0.05	3
2007	玉米、大豆	16～25cm	1.33	0.01	3
2007	玉米、大豆	25～43cm	1.31	0.06	3
2007	玉米、大豆	43～70cm	1.21	0.03	3
2007	玉米、大豆	70～110cm	1.30	0.01	3

4.2.6.4　坡地草本饲料辅助观测场

表 4 - 78　坡地草本饲料辅助观测场土壤容重

土壤类型：棕色石灰土　　母质：石灰岩

年份	作物	采样深度 （cm）	土壤容重平均值 （g/m³）	均方差	样本数
2007	桂牧一号	0～10cm	0.87	0.06	3
2007	桂牧一号	10～19cm	1.08	0.01	3
2007	桂牧一号	19～33.5cm	1.21	0.18	3
2007	桂牧一号	33.5～75cm	1.07	0.10	3

4.2.6.5 坡地顺坡垦植辅助观测场

表 4-79 坡地顺坡垦植辅助观测场土壤容重

土壤类型：棕色石灰土 母质：石灰岩

年份	作物	采样深度 （cm）	土壤容重平均值 （g/m³）	均方差	样本数
2007	玉米	0～12cm	1.20	0.12	3
2007	玉米	12～30cm	1.51	0.06	3
2007	玉米	30～75cm	1.72	0.07	3

4.2.7 长期试验土壤养分

4.2.7.1 旱地辅助观测场

表 4-80 旱地辅助观测场肥料长期试验场土壤养分

土壤类型：棕色石灰土 母质：石灰岩

年份	处理	作物	采样深度 （cm）	土壤有机质（g/kg）	全氮 （g/kg）	全磷 （g/kg）	全钾 （g/kg）	速效氮（碱解氮） （mg/kg）	有效磷 （mg/kg）	速效钾 （mg/kg）	缓效钾 （mg/kg）	水溶液提 pH
2006	70％NPK＋30％农家肥	玉米、大豆	0～20cm	47.53	2.12			174.23	6.50	87.46	328.28	7.42
2006	NPK	玉米、大豆	0～20cm	43.75	2.20			159.97	6.53	74.88	316.70	7.41
2006	40％NPK＋60％秸秆	玉米、大豆	0～20cm	41.49	2.04			152.91	6.54	71.64	221.40	7.50
2006	CK（不施肥）	玉米、大豆	0～20cm	40.95	1.95			146.52	6.39	77.53	198.65	7.56
2006	70％NPK＋30％秸秆	玉米、大豆	0～20cm	37.61	2.14			144.47	6.01	78.33	215.50	7.38
2006	40％NPK＋60％农家肥	玉米、大豆	0～20cm	43.85	2.19			160.53	6.39	96.87	234.98	7.51

4.2.8 长期采样地空间变异调查

4.2.8.1 旱地综合观测场

表 4-81 旱地综合观测场长期采样地空间变异调查

年份	作物	采样深度 （cm）	土壤有机质 （g/kg）	全氮 （g/kg）	全磷 （g/kg）	全钾 （g/kg）	速效氮（碱解氮） （mg/kg）	有效磷 （mg/kg）	速效钾 （mg/kg）	缓效钾 （mg/kg）	水溶液提 pH	KCl盐提 pH	交换性钙离子 [mmol/kg （1/2 Ca²⁺）]	交换性镁离子 [mmol/kg （1/2 Mg²⁺）]	交换性钾离子 [mmol/kg （K⁺）]	交换性钠离子 [mmol/kg （Na⁺）]	阳离子交换量 [mmol/kg（+）]
2006	玉米一黄豆	0～20	39.16				157.01	4.91	89.14		7.23						

表4-82 旱地综合观测场表层土壤性质空间变异调查的性统计特征

土壤性质	样本数	最小值	最大值	均值	标准差	变异系数
SOC	117	30.1	72.31	39.16	6.42	0.164
AN	117	116.15	516.23	157.01	40.62	0.259
AP	117	1.8	13.4	4.91	2.05	0.417
AK	117	56.29	207.98	89.14	25.13	0.282
pH	117	6.44	7.98	7.23	0.40	0.056

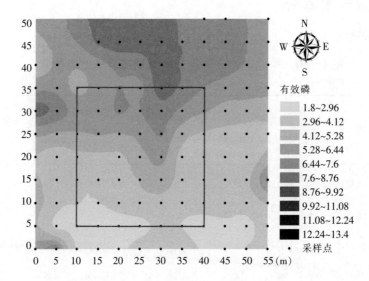

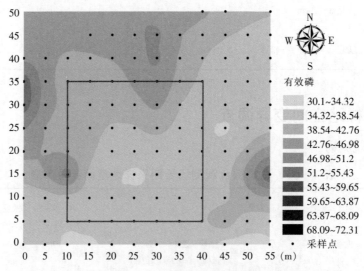

图4-1 综合观测场土壤有机质和速效磷含量空间差值分布图

（注：图中方框为目标采样地）

4.2.9　土壤理化分析方法

表 4 - 83　土壤理化分析方法

表　名　称	分析项目名称	分析方法名称	参照国标名称
土壤交换量	交换性钙离子	乙酸铵交换—原子吸收法	GB7865—87
土壤交换量	交换性镁离子	乙酸铵交换—原子吸收法	GB7865—87
土壤交换量	交换性钾离子	乙酸铵交换—原子吸收法	GB7866—87
土壤交换量	交换性钠离子	乙酸铵交换—原子吸收法	GB7866—87
土壤交换量	交换性氢	氯化钾交换—中和滴定法	GB7860—87
土壤交换量	交换性铝离子	氯化钾交换—中和滴定法	GB7860—87
土壤交换量	阳离子交换量	乙酸铵交换、蒸馏—容量法	GB7863—87
土壤养分、土壤养分（肥料长期试验）、长期采样地养分空间变异调查	土壤有机质	重铬酸钾氧化法	GB7857—87
土壤养分	全氮	硒粉—硫酸铜—硫酸硝化法	GB7173—87
土壤养分	全磷	氢氧化钠碱熔—钼锑抗比色法	GB7852—87
土壤养分	全钾	氢氧化钠碱熔—原子吸收光谱法	GB7854—87
土壤养分、土壤养分（肥料长期试验）、长期采样地养分空间变异调查	水解氮	碱解扩散法	GB7849—87
土壤养分、土壤养分（肥料长期试验）、长期采样地养分空间变异调查	有效磷	碳酸氢钠浸提—钼锑抗比色法	GB7853—87
土壤养分、土壤养分（肥料长期试验）、长期采样地养分空间变异调查	速效钾	乙酸铵浸提—火焰原子吸收法	GB7856—87
土壤养分	缓效钾	硝酸煮沸浸提—火焰原子吸收法	GB7855—87
土壤养分、土壤养分（肥料长期试验）、长期采样地养分空间变异调查	pH	水浸提（水：土＝2.5：1）	GB7859—87
土壤矿质全量	Si	碳酸钠碱熔—盐酸浸提法	GB7873—87
土壤矿质全量	Fe	碳酸钠碱熔—盐酸浸提法	GB7873—87
土壤矿质全量	Mn	碳酸钠碱熔—盐酸浸提法	GB7873—87
土壤矿质全量	Ti	碳酸钠碱熔—盐酸浸提法	GB7873—87
土壤矿质全量	Al	碳酸钠碱熔—盐酸浸提法	GB7873—87
土壤矿质全量	S	碳酸钠碱熔—盐酸浸提法	GB7873—87
土壤矿质全量	Ca	碳酸钠碱熔—盐酸浸提法	GB7873—87
土壤矿质全量	Mg	碳酸钠碱熔—盐酸浸提法	GB7873—87
土壤矿质全量	Na	碳酸钠碱熔—盐酸浸提法	GB7873—87
土壤微量元素和重金属元素	全硼	送 CERN 土壤分中心代测	
土壤微量元素和重金属元素	全钼	送 CERN 土壤分中心代测	
土壤微量元素和重金属元素	全锰	送 CERN 土壤分中心代测	
土壤微量元素和重金属元素	全锌	送 CERN 土壤分中心代测	
土壤微量元素和重金属元素	全铜	送 CERN 土壤分中心代测	
土壤微量元素和重金属元素	全铁	送 CERN 土壤分中心代测	
土壤微量元素和重金属元素	硒	送 CERN 土壤分中心代测	
土壤微量元素和重金属元素	钴	送 CERN 土壤分中心代测	
土壤微量元素和重金属元素	镉	送 CERN 土壤分中心代测	

（续）

表　名　称	分析项目名称	分析方法名称	参照国标名称
土壤微量元素和重金属元素	铅	送 CERN 土壤分中心代测	
土壤微量元素和重金属元素	铬	送 CERN 土壤分中心代测	
土壤微量元素和重金属元素	镍	送 CERN 土壤分中心代测	
土壤微量元素和重金属元素	汞	送 CERN 土壤分中心代测	
土壤微量元素和重金属元素	砷	送 CERN 土壤分中心代测	
土壤机械组成	土壤机械组成	吸管法	GB7845—87
土壤容重	土壤容重	环刀法	《土壤理化分析与剖面描述》

4.3　水分监测数据

4.3.1　土壤含水量

4.3.1.1　旱地综合观测场

表 4 - 84　旱地综合观测场土壤含水量

单位：%

年份	月份	10cm	20cm	30cm	40cm	50cm	60cm	70cm
2007	1	17.46	26.82	31.22	34.08	33.54	34.39	30.70
2007	4	37.99	42.89	42.94	42.04	41.79	39.97	35.84
2007	5	34.74	39.44	40.39	40.51	40.68	39.25	34.81
2007	7	36.56	43.52	41.21	38.30	40.14	38.62	34.86
2007	8	28.11	40.44	39.57	38.64	40.25	39.16	35.12
2007	9	69.68	46.55	46.41	45.55	45.01	45.59	46.49
2007	10	8.43	19.90	29.33	30.97	31.27	33.46	29.51
2007	11	8.47	18.50	30.90	36.97	37.30	35.12	30.67
2007	12	13.02	25.95	36.29	38.87	37.88	36.79	31.12

4.3.1.2　旱地辅助观测场

表 4 - 85　旱地辅助观测场土壤含水量

单位：%

年份	月份	10cm	20cm	30cm	40cm	50cm	60cm	70cm
2006	5	28.76	31.28	30.92	30.57	33.07	32.19	33.19
2006	6	38.39	39.81	39.61	40.41	39.84	39.58	41.31
2006	7	38.12	40.71	40.76	41.91	42.53	43.85	47.07
2006	8	28.00	37.71	37.79	38.56	39.73	40.68	43.11
2006	9	16.08	26.94	34.01	35.98	37.56	37.58	38.08
2006	10	10.16	16.08	23.99	29.28	32.73	34.97	34.92
2006	11	15.92	22.59	28.96	32.04	33.21	35.30	35.44
2006	12	15.09	26.71	34.14	36.25	37.81	37.83	37.44
2007	1	10.36	20.00	31.48	34.60	36.09	37.27	37.04
2007	4	24.47	32.92	37.91	40.12	39.37	40.26	39.60
2007	5	24.59	32.75	37.36	38.60	37.98	39.23	38.44
2007	7	25.43	34.81	38.94	39.32	38.91	41.13	41.50
2007	8	20.52	32.00	37.65	48.14	41.72	43.45	43.96
2007	9	24.07	35.42	38.64	40.84	39.60	42.83	45.25

（续）

年份	月份	10cm	20cm	30cm	40cm	50cm	60cm	70cm
2007	10	9.67	12.69	20.26	26.53	28.16	30.53	30.76
2007	11	5.47	11.84	21.25	27.57	31.52	32.97	34.72
2007	12	10.36	16.12	24.63	28.50	32.67	33.26	34.58

4.3.1.3　坡地草本饲料辅助观测场

表4-86　坡地草本饲料辅助观测场土壤含水量

单位:%

年份	月份	10cm	20cm	30cm	40cm	50cm	60cm	70cm
2006	5	23.10	32.23	31.52	29.95	29.85	29.91	29.20
2006	6	41.88	42.20	42.48	39.30	37.38	33.24	36.50
2006	7	43.53	43.15	42.81	39.91	37.98	34.42	34.64
2006	8	33.23	37.79	39.15	37.22	36.64	33.59	33.29
2006	9	23.87	32.43	35.58	32.97	32.70	28.86	28.75
2006	10	16.69	26.77	31.67	29.84	29.97	27.36	26.97
2006	11	23.53	34.17	36.37	33.60	32.27	29.76	27.87
2006	12	26.25	37.16	38.99	35.99	34.65	30.72	29.83
2007	1	21.94	33.97	37.12	34.99	34.04	30.90	29.91
2007	4	44.44	42.66	43.58	40.43	38.85	34.87	34.66
2007	5	34.23	41.91	42.78	39.80	38.14	34.53	33.88
2007	7	34.93	46.86	45.29	41.85	41.36	37.73	36.64
2007	8	29.61	41.72	41.84	37.91	36.54	33.34	32.28
2007	9	35.75	50.06	46.23	43.93	41.27	36.96	35.78
2007	10	13.12	26.15	33.96	33.45	32.98	31.38	30.43
2007	11	13.00	24.74	32.26	32.12	32.50	31.48	29.54
2007	12	18.12	30.90	36.97	34.99	31.93	30.68	29.30

4.3.1.4　坡地顺坡垦植辅助观测场

表4-87　坡地顺坡垦植辅助观测场土壤含水量

单位:%

年份	月份	10cm	20cm	30cm	40cm	50cm	60cm	70cm
2006	5	28.51	33.13	29.46	29.30	28.96	30.16	29.53
2006	6	42.55	36.42	36.16	31.85	28.74	29.74	28.52
2006	7	42.60	37.91	36.68	32.75	29.23	29.87	28.04
2006	8	32.95	33.95	33.70	31.00	27.47	29.11	27.99
2006	9	23.47	29.17	31.33	30.32	26.87	28.42	27.75
2006	10	17.48	22.36	25.90	25.39	23.98	25.17	25.52
2006	11	22.94	27.28	29.06	28.60	26.74	27.10	26.62
2006	12	25.34	30.89	32.10	31.46	29.23	30.06	28.68
2007	1	20.34	28.75	31.50	30.16	28.18	29.71	28.11
2007	4	32.54	35.32	36.04	35.74	32.90	33.15	31.98
2007	5	25.38	27.62	28.16	27.26	25.26	28.51	24.76
2007	7	34.27	37.58	35.18	34.67	31.04	32.39	31.22
2007	8	29.21	34.45	33.77	33.54	30.46	31.19	30.35
2007	9	33.96	36.92	36.69	36.30	32.44	32.15	30.40
2007	10	13.05	22.27	27.82	29.38	27.69	28.83	28.54
2007	11	11.70	18.61	25.20	28.61	26.50	28.78	27.03
2007	12	17.75	23.67	28.65	29.68	26.97	27.98	27.27

4.3.1.5 气象观测场

表 4-88 气象观测场土壤含水量

单位：%

年份	月份	10cm	20cm	30cm	40cm	50cm	60cm	70cm
2007	1	27.87	32.85	35.64	31.48	30.23	27.71	29.93
2007	4	36.07	43.21	42.53	40.10	37.34	32.70	34.92
2007	5	29.36	34.13	33.63	31.01	27.96	25.61	27.98
2007	7	42.45	50.27	44.14	39.93	35.22	33.44	37.06
2007	8	30.94	41.03	42.23	40.20	35.58	32.67	37.18
2007	9	38.70	51.03	49.18	45.29	37.95	34.20	39.55
2007	10	13.93	26.68	32.92	30.97	25.48	24.73	28.53
2007	11	15.18	26.90	34.87	31.92	22.33	23.53	28.28
2007	12	23.38	35.22	39.63	34.01	23.60	23.88	27.89

4.3.2 地表水、地下水水质状况

表 4-89 地表水、地下水水质状况

单位：mg/L

采样点名称	日期	pH	钙离子含量	镁离子含量	钾离子含量	钠离子含量	碳酸根离子含量	重碳酸根离子含量	氯化物	硫酸根离子	磷酸根离子	硝酸根	矿化度	总氮	总磷
水分辅助观测场流动水观测点（水质）	2007-07-13	8.1	62.95	31.75	0.35	2.50	34.19	1.42	2.94	0.05	0.01	0.36	299.00	0.05	0.005
水分辅助观测场溢出水观测点（水质、水量）	2007-07-13	8.3	65.05	2.91	0.33	3.50	7.12	14.25	2.45	0.05	0.01	1.87	338.00	0.05	0.010
	2007-12-17	7.81	69.80	21.71	0.16	3.30	0.00	174.50	3.40	0.02	0.03	0.46	267.33	0.08	0.005
水分辅助观测场准静止水观测点（水质）	2007-07-13	5.7	36.65	8.12	0.38	3.33	14.25	10.68	2.94	0.02	0.03	0.55	227.00	0.03	0.053
	2007-12-17	8.36	40.53	18.89	0.40	3.53	18.23	227.89	4.40	0.01	0.04	0.30	188.00	0.04	0.105
水分辅助观测场地下水观测点（水位、水质）	2007-07-13	7.2	91.20	57.90	3.45	7.38	49.86	0.71	2.45	0.03	0.02	3.98	546.00	0.04	0.010
	2007-12-17	7.43	59.95	19.68	0.61	3.15	0.00	27.35	4.40	0.02	0.03	0.48	232.67	0.05	0.050

4.3.3 地下水位记录

表 4-90 地下水位记录（一）

样地名称：旱地综合观测场地下水井观测点　植被名称：玉米—大豆　地面高程：275m

日期	地下水埋深（m）	日期	地下水埋深（m）
2007-04-30	2.99	2007-09-05	1.56

（续）

日期	地下水埋深（m）	日期	地下水埋深（m）
2007 - 05 - 05	3.35	2007 - 09 - 10	1.57
2007 - 05 - 10	3.70	2007 - 09 - 15	1.91
2007 - 05 - 15	3.17	2007 - 09 - 20	2.04
2007 - 05 - 20	2.99	2007 - 09 - 25	2.46
2007 - 05 - 25	2.75	2007 - 09 - 30	2.61
2007 - 05 - 30	1.40	2007 - 10 - 05	2.31
2007 - 06 - 05	1.30	2007 - 10 - 10	2.40
2007 - 06 - 10	1.18	2007 - 10 - 15	3.04
2007 - 06 - 15	1.30	2007 - 10 - 20	3.11
2007 - 06 - 20	1.58	2007 - 10 - 25	2.66
2007 - 06 - 25	1.90	2007 - 10 - 30	2.75
2007 - 06 - 30	1.45	2007 - 11 - 05	2.75
2007 - 07 - 05	1.88	2007 - 11 - 10	2.84
2007 - 07 - 10	2.04	2007 - 11 - 15	2.94
2007 - 07 - 15	2.12	2007 - 11 - 20	3.00
2007 - 07 - 20	1.98	2007 - 11 - 25	3.08
2007 - 07 - 25	1.88	2007 - 11 - 30	3.16
2007 - 07 - 30	2.01	2007 - 12 - 05	3.23
2007 - 08 - 05	2.13	2007 - 12 - 10	3.28
2007 - 08 - 10	2.24	2007 - 12 - 15	3.04
2007 - 08 - 15	2.13	2007 - 12 - 20	3.39
2007 - 08 - 20	2.32	2007 - 12 - 25	3.24
2007 - 08 - 25	0.76	2007 - 12 - 30	3.33
2007 - 08 - 30	1.80		

表 4 - 91　地下水位记录（二）

样地名称：气象观测场地下水井观测点　植被名称：人工草坪　地面高程：278.5m

日期	地下水埋深（m）	日期	地下水埋深（m）
2007 - 04 - 30	4.40	2007 - 09 - 05	1.95
2007 - 05 - 05	4.50	2007 - 09 - 10	2.28
2007 - 05 - 10	4.68	2007 - 09 - 15	2.51
2007 - 05 - 15	4.40	2007 - 09 - 20	2.80
2007 - 05 - 20	4.20	2007 - 09 - 25	2.38
2007 - 05 - 25	3.70	2007 - 09 - 30	2.50
2007 - 05 - 30	2.50	2007 - 10 - 05	3.24
2007 - 06 - 05	2.10	2007 - 10 - 10	3.39
2007 - 06 - 10	1.85	2007 - 10 - 15	4.02
2007 - 06 - 15	1.95	2007 - 10 - 20	4.15
2007 - 06 - 20	1.90	2007 - 10 - 25	3.80
2007 - 06 - 25	2.50	2007 - 10 - 30	3.92
2007 - 06 - 30	2.20	2007 - 11 - 05	3.95
2007 - 07 - 05	2.37	2007 - 11 - 10	4.03
2007 - 07 - 10	2.65	2007 - 11 - 15	4.14
2007 - 07 - 15	2.88	2007 - 11 - 20	4.22
2007 - 07 - 20	2.56	2007 - 11 - 25	4.33

（续）

日期	地下水埋深（m）	日期	地下水埋深（m）
2007 - 07 - 25	2.40	2007 - 11 - 30	4.44
2007 - 07 - 30	2.70	2007 - 12 - 05	4.53
2007 - 08 - 05	2.93	2007 - 12 - 10	4.61
2007 - 08 - 10	3.10	2007 - 12 - 15	4.68
2007 - 08 - 15	3.01	2007 - 12 - 20	4.75
2007 - 08 - 20	3.22	2007 - 12 - 25	4.61
2007 - 08 - 25	0.95	2007 - 12 - 30	4.67
2007 - 08 - 30	2.23		

表 4 - 92　地下水位记录（三）

样地名称：水分辅助观测地下水观测点　　植被名称：草灌丛　　地面高程：279.5m

日期	地下水埋深（m）	日期	地下水埋深（m）
2007 - 06 - 05	1.50	2007 - 09 - 20	0.83
2007 - 06 - 10	1.50	2007 - 09 - 25	0.67
2007 - 06 - 15	1.35	2007 - 09 - 30	0.52
2007 - 06 - 20	1.50	2007 - 10 - 05	0.66
2007 - 06 - 25	1.00	2007 - 10 - 10	2.29
2007 - 06 - 30	0.35	2007 - 10 - 15	1.87
2007 - 07 - 05	0.35	2007 - 10 - 20	1.31
2007 - 07 - 10	1.45	2007 - 10 - 25	0.94
2007 - 07 - 15	3.84	2007 - 10 - 30	2.00
2007 - 07 - 20	2.15	2007 - 11 - 05	2.05
2007 - 07 - 25	1.46	2007 - 11 - 10	2.90
2007 - 07 - 30	1.35	2007 - 11 - 15	0.89
2007 - 08 - 05	2.20	2007 - 11 - 20	0.91
2007 - 08 - 10	2.14	2007 - 11 - 25	1.06
2007 - 08 - 15	4.61	2007 - 11 - 30	1.24
2007 - 08 - 20	1.21	2007 - 12 - 05	1.175
2007 - 08 - 25	2.95	2007 - 12 - 10	1.86
2007 - 08 - 30	2.05	2007 - 12 - 15	3.20
2007 - 09 - 05	0.43	2007 - 12 - 20	2.33
2007 - 09 - 10	0.80	2007 - 12 - 25	1.31
2007 - 09 - 15	2.26	2007 - 12 - 30	3.23

4.3.4　土壤水分常数

表 4 - 93　土壤水分常数

土壤类型：棕色钙质湿润富铁土

年份	样地名称	采样深度（cm）	土壤质地	土壤完全持水量（%）	土壤田间持水量（%）	土壤凋萎含水量（%）	土壤孔隙度总量（%）	容重	水分特征曲线方程
2007	气象场观测场	0～15cm	重壤	24.3	18.0		55.1	1.2	
2007	气象场观测场	15～29cm	重壤	20.4	18.3		48.1	1.4	

（续）

年份	样地名称	采样深度（cm）	土壤质地	土壤完全持水量（%）	土壤田间持水量（%）	土壤凋萎含水量（%）	土壤孔隙度总量（%）	容重	水分特征曲线方程
2007	气象场观测场	29～55cm	黏壤	22.4	20.7		49.8	1.3	
2007	气象场观测场	55～104cm	黏壤	21.1	20.3		48.0	1.4	
2007	综合旱地观测场	0～18cm	重壤	23.0	16.4		53.5	1.2	
2007	综合旱地观测场	18～35cm	轻黏	17.9	16.1		46.9	1.4	
2007	综合旱地观测场	35～56cm	中黏	21.1	19.4		49.0	1.4	
2007	综合旱地观测场	56～100cm	中黏	24.9	23.6		52.3	1.3	

4.3.5 水面蒸发量

表 4-94 水面蒸发量

样地名称：综合气象要素观测场小型蒸发器

年份	月份	月蒸发量（mm）	月均水温（℃）
2006	6	27.47	29.21
2006	7	106.8	29.65
2006	8	69.73	29.32
2006	9	111.2	26.81
2006	10	42.77	24.84
2006	11	65.66	19.29
2006	12	52.27	13.19
2007	1		12.38
2007	2		
2007	3		
2007	4		
2007	5	106.47	25.57
2007	6	44.31	26.53
2007	7	81.6	29.13
2007	8	134.22	29.35
2007	9	120.55	25.59
2007	10	117.89	23.34
2007	11	168.92	17.39
2007	12	135.72	14.11

4.3.6 雨水水质状况

表 4-95 雨水水质状况

样地名称：气象观测场集雨器

单位：mg/L

年份	月份	pH	矿化度（mg/L）	硫酸根（mg/L）	非溶性物质总含量（mg/L）
2006	11	6.68	52.8	0.009	133.5
2007	2	7.37	54.1	0.006	149.5
2007	5	6.41	59.0	0.008	93.4
2007	8	5.98	68.0	0.007	72.3
2007	11	6.38	78.0	0.010	31.6

4.3.7　水质分析方法

表 4-96　水质分析方法

分析项目名称	分析方法名称	参照国标名称
pH	便携式多参数水质分析仪	GB6920—86
钙离子	火焰原子吸收分光光度法	GB/T 8538—1995
镁离子	火焰原子吸收分光光度法	GB/T 8538—1995
钾离子	火焰原子吸收分光光度法	GB/T 8538—1995
钠离子	火焰原子吸收分光光度法	GB/T 8538—1995
碳酸根离子	酸碱滴定法	GB/T 8538—1995
重碳酸根离子	酸碱滴定法	GB/T 8538—1995
氯化物	硝酸银滴定法	GB 11896—89
硫酸根离子	硫酸钡比浊法	GB/T 8538—1995
磷酸根离子	磷钼蓝分光光度法	GB/T 8538—1995
硝酸根离子	酚二磺酸分光光度法	GB/T 8538—1995
矿化度	质量法	
化学需氧量（COD）	酸性高锰酸钾滴定法	GB/T 8538—1995
水中溶解氧（DO）	便携式多参数水质分析仪	
总氮	碱性过硫酸钾消解紫外分光光度法	GB 11894—89
总磷	钼酸铵分光光度法	GB 11893—89
矿化度	质量法	
硫酸根	硫酸钡比浊法	GB/T 8538—1995
非溶性物质总含量	过滤差减法	

4.4　气象监测数据

4.4.1　温度

表 4-97　自动观测气象要素——温度

单位：℃

年份	项目　月份	1	2	3	4	5	6	7	8	9	10	11	12
2005	日平均值月平均								26.7	25.7	21.1	17.5	
	日最大值月平均								32.5	32.7	27.5	22.6	
	日最小值月平均								23.0	20.7	16.5	13.6	
	月极大值								38.8	36.8	35.3	30	
2006	日平均值月平均	9.4	11.3	15.3	22.0	23.8	25.9	27.2	26.5	24.3	23.0	17.5	11.1
	日最大值月平均	12.7	13.7	19.4	26.8	29.1	30.6	32.7	32.7	31.4	28.7	22.6	17.4
	日最小值月平均	6.7	9.4	12.3	18.4	19.8	22.5	23.7	22.6	19.4	19.2	13.6	6.6
	月极大值	22.4	25.1	27.7	33.5	33.8	34.4	36.5	36.2	36.3	33.3	30	25.9
2007	日平均值月平均	8.6	16.1	16.3	18.7	23.7	26.5	27.6	27.0	23.4	21.4	15.3	13.3
	日最大值月平均	13.2	20.7	19.7	23.7	30.2	31.3	31.4	33.6	29.0	28.3	23.7	16.6
	日最小值月平均	5.1	12.4	13.8	14.8	18.7	22.9	24.7	22.7	19.7	16.2	9.2	10.0
	月极大值	21.3	27.8	29.3	32.3	35.1	34.8	34.1	37.5	34	34	28.8	26.4

4.4.2 湿度

表 4‑98 自动观测气象要素——湿度

单位：%

年份	项目 \ 月份	1	2	3	4	5	6	7	8	9	10	11	12
2005	日平均值月平均								79.0	73.0	73.0	77.0	70
	日最大值月平均												
	日最小值月平均								57.0	46.0	48.0	55.0	48
	月极大值												
2006	日平均值月平均	70.0	82.0	77.0	73.0	74.0	81.0	81.0	80.0	73.0	76.0	77.0	73.0
	日最大值月平均												
	日最小值月平均	59.0	72.0	59.0	57.0	55.0	63.0	60.0	56.0	45.0	53.0	55.0	46.0
	月极大值												
2007	日平均值月平均	70.3	75.7	80.4	76.5	75.9	78.9	79.3	78.6	79.1	70.4	65.2	69.4
	日最大值月平均												
	日最小值月平均	51.2	58.0	66.6	56.2	50.9	59.4	61.1	51.4	56.3	43.1	32.3	55.8
	月极大值												

4.4.3 气压

表 4‑99 自动观测气象要素——大气压

单位：hPa

年份	项目 \ 月份	1	2	3	4	5	6	7	8	9	10	11	12
2005	日平均值月平均								972.1	977.8	983.7	984.3	989.7
	日最大值月平均								973.9	979.9	986.2	986.8	992.4
	日最小值月平均								969.7	975.4	981.2	981.5	986.3
	月极大值								979.4	984	992.5	995.6	1 001.5
2006	日平均值月平均	987.8	987.2	981.5	976.8	976.5	972.3	969.9	972.8	978.1	982.5	984.3	989.1
	日最大值月平均	990.2	1 309.3	984.4	979.6	978.7	974.1	971.6	974.6	980.5	984.8	986.8	991.7
	日最小值月平均	984.9	983.6	977.9	973.2	973.7	970	967.6	970.4	975.7	980.2	981.5	986
	月极大值	999.2	994.1	995.7	989.5	990.8	978.2	978.9	979.6	986.3	991.3	995.6	997.9
2007	日平均值月平均	990.8	982.3	980.5	981	975.8	971.8	970.9	971.6	976.9	982.7	986.4	985.7
	日最大值月平均	993.4	985	983.1	983.7	978.2	973.7	972.7	973.5		985.0	989.1	987.9
	日最小值月平均	987.9	979.2	977	977.9	972.7	969.5	969.2	968.9	974.6	980.1	983.5	982.8
	月极大值	999	998.7	992.5	992.9	986.7	978	977.9	979.5		992.5	993.2	994.5

4.4.4 降水

表 4‑100 自动观测气象要素——降水

单位：mm

年份	项目 \ 月份	1	2	3	4	5	6	7	8	9	10	11	12
2005	月合计值								131.8	32.2	36.8	28.2	47
	月小时降水极大值								47	16.6	6	7.2	3.8
	日最大值出现时间								14	29	29	15	27

（续）

年份	项目 \ 月份	1	2	3	4	5	6	7	8	9	10	11	12
2006	月合计值	30	111.6	17.8	79.6	29	30.2	224	180.2	58	22.6	28.2	8.4
	月小时降水极大值	14.2	9.2	1.8	14.6	11	26	50.8	35.4	15.8	2.8	7.2	0.8
	日最大值出现时间	18	27	13	26	10	14	16	18	8	26	15	8
2007	月合计值	45.2	55	53.2	86.2	191	283.8	163.6	221.6	81	0.6	20.2	7.2
	月小时降水极大值	7	9	10	9.6	28.4	40.2	32.4	39	16.4	0.6	3	3.8
	日最大值出现时间	20	15	18	24	30	7	16	24	2	3	1	28

4.4.5　风速

表 4-101　自动观测气象要素——风速

单位：m/s

年份	项目 \ 月份	1	2	3	4	5	6	7	8	9	10	11	12
2005	月平均风速												
	月最多风向												
	最大风速								6.2	5.5	48	5.8	4.8
	最大风风向								65	64	0	45	46
	最大风出现日期								14	4	7	19	7
	最大风出现时间								23：00	09：00	20：00	13：00	13：00
2006	月平均风速				1.3	1.1	0.8		0.8	0.8	0.7	1.0	0.7
	月最多风向												
	最大风速	5.6	6.7	6	6.3	6.3	6.5	5.7	5.1	4.9	4.7	5.8	4.2
	最大风风向	53	45	56	71	57	60	42	76	39	63	45	74
	最大风出现日期	4	28	12	12	13	6	24	4	11	31	19	13
	最大风出现时间	18：00	16：00	09：00	17：00	05：00	19：00	17：00	05：00	13：00	20：00	13：00	01：00
2007	月平均风速	1.1	0.9	0.9	0.9	0.8	0.9	0.9	0.6	1.1	0.8	0.8	0.9
	月最多风向	C	C	C	C	C	C	C	C	C	C	C	C
	最大风速	5.1	4.6	7.3	6.6	7.5	5.6	4.5	7.1		5.7	5.3	5.2
	最大风风向	51	62	21	69	64	192	223	27		57	51	73
	最大风出现日期	9	14	4	17	4	7	9	24	15	29	18	28
	最大风出现时间	12：00	06：00	21：00	13：00	22：00	07：00	21：00	17：00	06：00	15：00	09：00	15：00

4.4.6　地表温度

表 4-102　自动观测气象要素——地表温度

单位：℃

年份	项目 \ 月份	1	2	3	4	5	6	7	8	9	10	11	12
2005	日平均值月平均								27.9	27.7	26.8	24.2	20.23
	日最大值月平均								27.0	27.7	26.8	24.3	20.3
	日最小值月平均								26.0	27.6	26.7	24.1	20.17
	月极大值								28.5	27.8	27.6	25.3	22.3
	极大值日期								15	20	1	1	1
	月极小值								0	27.5	25.3	22.3	18.4
	极小值日期								2	7	31	30	31

（续）

年份	项目\月份	1	2	3	4	5	6	7	8	9	10	11	12
2006	日平均值月平均	17.7	16.6	16.6	19.4	22.5	24.1	26.4	27.2	27.0	26.2	24.2	21.1
	日最大值月平均	17.8	16.6	16.7	19.5	22.6	24.1	26.5	27.2	27.1	26.2	24.1	21.2
	日最小值月平均	17.7	16.6	16.6	19.4	22.4	24.1	25.5	27.2	27.0	26.1	24.1	21.1
	月极大值	18.5	16.9	17.6	20.9	23.4	25.2	27.2	27.5	27.7	27.6	25.3	22.9
	极大值日期	1	5	31	29	29	29	16	19	9	19	1	1
	月极小值	16.5	16	15.8	17.6	20.9	23.3	0	26.9	26.4	25.5	22.3	19.3
	极小值日期	30	27	4	1	1	2	9	10	25	19	30	31
2007	日平均值月平均	18.1	17.5	18.5	19.5	21.4	24.2	25.8	26.8	26.7	25.8	23.3	20.8
	日最大值月平均	18.1	17.5	18.5	19.5	21.4	24.2	25.9	26.8	26.7	25.8	23.4	20.7
	日最小值月平均	18.0	17.5	18.4	19.5	21.4	24.1	25.8	26.7	26.7	25.7	23.2	20.7
	月极大值	19.3	18.3	18.8	20.4	23	25.1	26.4	27.3	27.3	26.2	24.9	22
	极大值日期	1	27	6	28	31	30	27	24	3	6	1	1
	月极小值	17	16.9	18.2	18.7	20.4	23	25.1	24.3	26	24.9	22	19.7
	极小值日期	29	1	24	1	1	1	1	14	30	31	30	30

4.4.7 辐射

4.4.7.1 总辐射

表 4–103　太阳辐射自动观测记录表——总辐射

单位：MJ/m²

年份	1月	2月	3月	4月	5月	6月	7月	8月	9月	10月	11月	12月
2005								14.411	15.739	11.902	8.43	6.988
2006	4.038	3.971	7.356	11.736	14.146	12.397	15.519	16.341	15.35	10.968	8.43	7.899
2007	6.452	6.836	6.018	10.523	16.283	14.602		17.165	12.915	12.768	11.975	4.686

4.4.7.2 反射辐射

表 4–104　太阳辐射自动观测记录表——反射辐射

单位：MJ/m²

年份	1月	2月	3月	4月	5月	6月	7月	8月	9月	10月	11月	12月
2005								2.776	3.291	2.644	1.938	1.504
2006	0.855	0.817	1.406	2.395	3.08	2.821	3.605	3.741	3.552	2.384	1.938	1.791
2007	1.42	1.525	1.226	2.113	3.295	3.123		3.499	2.641	2.679	2.727	1.14

4.4.7.3 紫外辐射

表 4–105　太阳辐射自动观测记录表——紫外辐射

单位：MJ/m²

年份	1月	2月	3月	4月	5月	6月	7月	8月	9月	10月	11月	12月
2005								0.656	0.695	0.509	0.372	0.285
2006	0.177	0.205	0.297	0.507	0.648	0.612	0.749	0.73	0.666	0.48	0.372	0.314
2007	0.263	0.286	0.251	0.459	0.734	0.713		0.743	0.603	0.543	0.466	0.197

4.4.7.4　净辐射

表 4 - 106　太阳辐射自动观测记录表——净辐射

单位：MJ/m²

年份	1 月	2 月	3 月	4 月	5 月	6 月	7 月	8 月	9 月	10 月	11 月	12 月
2005								7.295	7.358	4.818	3.051	4.719
2006	0.613	0.998	3.166	5.588	6.358	5.862	7.596	7.613	6.445	4.082	3.051	1.975
2007	1.637	2.255	2.359	4.265	7.397	6.513		7.318	4.822	4.002	2.78	0.717

4.4.7.5　光合有效辐射

表 4 - 107　太阳辐射自动观测记录表——光合有效辐射

单位：MJ/m²

年份	1 月	2 月	3 月	4 月	5 月	6 月	7 月	8 月	9 月	10 月	11 月	12 月
2005								29.575	31.775	23.683	16.516	13.535
2006	7.821	8.042	13.905	22.172	26.564	23.589	29.219	30.343	27.819	20.047	16.516	9.612
2007	10.512	10.442	9.336	13.811	24.759	23.688		29.356	23.417	22.49	20.586	8.308

第五章

研究数据

近年来，环江站凭借中国国家生态系统观测研究网络（CNERN）和中国生态系统研究网络（CERN）研究平台条件，承担了"973"计划项目课题、中国科学院西部行动计划项目、国家自然科学基金项目、国家科技支撑计划课题、中国科学院农业项目办科技扶贫项目、中国科学院"西部之光"人才培养计划项目、中国科学院知识创新重要方向项目、广西区科技攻关项目、新西兰政府对外援助项目"中国项目"等国内与国际合作研究项目（课题），在喀斯特景观格局分析与生态系统服务功能评价、喀斯特生态过程与生态系统演替、喀斯特退化生态系统恢复重建的优化模式与可持续管理、喀斯特生态系统监测技术等方面取得了阶段性研究成果。

5.1 喀斯特景观格局分析与生态系统服务功能评价

喀斯特地区由于受地质背景条件的制约，其生态环境表现出极强的非地带性分布特征，作为典型的水成地貌类型，喀斯特地貌随水动力环境的变化表现形态多样，加之，环境容量小，抗干扰能力弱，在人为活动影响下，土地极易发生水土流失而退化、直至石漠化。喀斯特生境具有高度异质性。因此，喀斯特区域景观格局分析与喀斯特生态系统服务功能评价有助于强化对区域生态系统背景的认识。

5.1.1 喀斯特峰丛洼地退化景观格局分析

借助 RS 和 GIS 等手段，张明阳等以环江县为例进行了喀斯特峰丛洼地水土流失动态监测与分析[1]。在对研究区 1986 年、1995 年、2000 年三期水土流失强度分级的基础上，分别计算环江县1986 年到 1995 年以及 1995 年到 2000 年两个时间段水土流失强度面积转移矩阵（见表 5-1[1]），发现 1986 到 1995 年间水土流失由严重等级向轻微等级转移，环江县域水土流失情况有所好转，但从 1995 年到 2000 年，则出现相反趋势，水土流失是由轻微的向严重的水土流失强度类型转化，水土流失加剧。而水土流失强度发生明显变化的地区分布在环江县域东部、东北部生态移民集中安置区和北部农业交错带山地丘陵区（见图 5-1[1]），期间这两个地区表现为受强烈的人为活动干扰。同时，将这三期水土流失强度分布与地形高程分布比较（见表 5-2[1]），发现 3 个年份水土流失在高程分带上分异格局基本相似，水土流失发生区主要集中在低山、丘陵、中低山部位。进而对环江县域内，高程因素影响下的景观空间格局进行比较分析，结果表明：峰丛洼地景观空间格局随高程分异特征明显（见图 5-2[2]），在地势较低的地带，由于人类活动频繁，斑块比较破碎，景观形状复杂，类型多样，连通性好，尤其是处于农林、林牧交叉带的丘陵区，表现最为显著；而在地势高的地带，景观形状较为简单，类型单一，连通性较差[2-4]（见表 5-3[2]）。高程分异下的景观空间格局是造成环江县水土流失特征的主要原因，但就其根本驱动力则是人类活动对喀斯特景观空间格局重构的影响。

表 5-1　环江县 1986—2000 年水土流失强度面积转移矩阵[1]

1986—1995 年	微度	轻度	中度	强度	极强度	剧烈
微度	1 339.977 7	1.851 6	0.000 0	0.000 0	0.000 0	0.000 0
轻度	188.059 2	1 194.560 8	3.774 1	0.070 0	0.000 0	0.000 0
中度	0.000 0	159.913 3	1 432.853 5	0.167 9	0.000 0	0.000 0
强度	0.000 0	64.539 7	29.012 5	68.465 7	0.010 0	0.000 0
极强度	0.000 0	0.000 0	11.825 9	0.171 4	3.678 7	0.000 0
剧烈	0.000 0	0.000 0	0.699 3	0.040 0	0.000 0	0.830 0
1995—2000 年	**微度**	**轻度**	**中度**	**强度**	**极强度**	**剧烈**
微度	1 333.214 1	194.836 3	0.000 0	0.000 0	0.000 0	0.000 0
轻度	1.630 3	1 191.233 4	163.231 9	64.748 6	0.000 0	0.000 0
中度	0.000 0	3.435 8	1 432.631 6	29.533 1	11.855 9	0.699 3
强度	0.000 0	0.070 0	0.016 4	68.441 5	0.364 4	0.040 0
极强度	0.000 0	0.000 0	0.000 0	0.000 0	3.678 7	0.010 0
剧烈	0.000 0	0.000 0	0.000 0	0.000 0	0.000 0	0.830 0

注：纵向为 1986 年，横向为 1995 年。

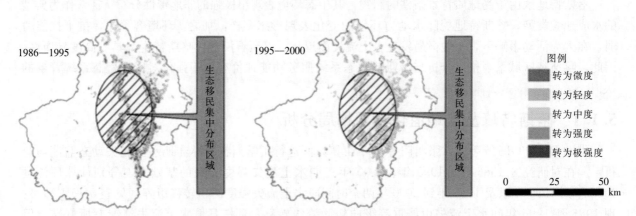

图 5-1　环江县 1986—2000 年水土流失强度转化图[1]

表 5-2　环江县 1986 年、1995 年、2000 年水土流失强度随高程的变化[1]

1986 年	洼地		丘陵		低山		中山		高山	
	面积	百分比（%）	面积	百分比（%）	面积	百分比（%）	面积	百分比（%）	面积	百分比（%）
微度	107.173 0	8.10	810.314 3	61.27	348.520 2	26.35	51.399 3	3.89	5.063 2	0.38
轻度	26.926 9	1.94	560.560 4	40.29	652.221 8	46.88	138.393 5	9.95	13.214 4	0.95
中度	15.295 6	0.95	498.567 8	31.05	840.721 7	52.35	222.677 3	13.87	28.659 9	1.78
强度	1.530 4	0.94	56.808 0	34.77	81.925 8	50.15	21.663 8	13.26	1.440 8	0.88
极强度	0.030 0	0.19	6.478 7	41.04	6.596 5	41.79	2.570 7	16.28	0.110 0	0.70
剧烈	0.000	0.00	0.830 0	52.53	0.710 0	44.94	0.040 0	2.53	0.000 0	0.00

（续）

1995年	洼地		丘陵		低山		中山		高山	
	面积	百分比(%)	面积	百分比(%)	面积	百分比(%)	面积	百分比(%)	面积	百分比(%)
微度	114.557 5	7.59	894.084 6	59.28	437.996 4	29.04	56.398 4	3.74	5.297 4	0.35
轻度	23.832 0	1.67	570.148 3	39.93	661.903 5	46.36	156.744 4	10.98	15.184 4	1.06
中度	12.110 0	0.81	441.712 2	29.67	786.904 2	52.86	220.256 7	14.80	27.711 1	1.86
强度	0.486 4	0.69	24.536 7	34.58	42.238 0	59.53	3.416 9	4.82	0.279 9	0.39
极强度	0.010 0	0.27	2.284 7	61.36	1.382 1	37.12	0.046 4	1.25	0.000 0	0.00
剧烈	0.000 0	0.00	0.590 0	71.08	0.240 0	28.92	0.000 0	0.00	0.000 0	0.00

2000年	洼地		丘陵		低山		中山		高山	
	面积	百分比(%)	面积	百分比(%)	面积	百分比(%)	面积	百分比(%)	面积	百分比(%)
微度	106.029 4	8.06	805.809 0	61.26	347.073 1	26.39	51.399 3	3.91	5.063 2	0.38
轻度	28.073 7	2.01	562.391 2	40.33	652.547 4	46.79	138.290 8	9.92	13.214 4	0.95
中度	15.295 6	0.95	500.666 0	31.12	841.550 9	52.31	222.712 1	13.84	28.659 9	1.78
强度	1.530 4	0.93	57.226 3	34.88	82.143 0	50.07	21.728 3	13.24	1.440 8	0.88
极强度	0.030 0	0.19	6.612 1	41.30	6.686 5	41.77	2.570 7	16.06	0.110 0	0.69
剧烈	0.000 0	0.00	0.840 0	52.83	0.710 0	44.65	0.040 0	2.52	0.000 0	0.00

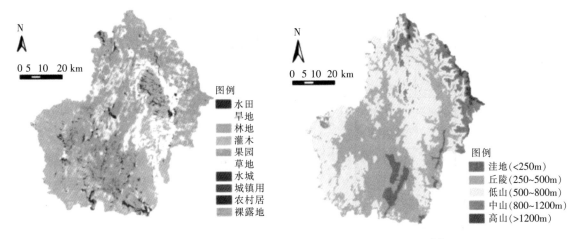

图 5-2 环江县 2000 年景观类型分布及高程分带示意图[2]

表 5-3 景观指数反映的环江县域景观格局随高程分带的变化[2]

高程带	PD(个/km²)	LPI(%)	ED(km/km²)	LSI	PAFRAC	COHESDN	UI(%)	AI(%)	SHDI	SHEI
洼地	1.81	34.81	29.10	14.21	1.35	99.23	57.74	94.85	1.25	0.57
丘陵	1.10	27.77	20.53	40.58	1.31	99.51	66.90	95.84	1.47	0.67
低山	0.89	25.90	15.77	39.62	1.32	99.54	59.84	96.26	1.37	0.62
中山	1.41	16.16	18.47	24.74	1.29	98.84	47.74	95.34	1.19	0.61
高山	1.41	57.72	8.19	8.23	1.25	99.15	53.66	96.47	0.51	0.32

　　人类活动对喀斯特景观空间格局的重构直接表现为喀斯特区域土地利用的变化，以 1990/2000 年的 Landsat-TM 遥感影像为基础数据，利用 GIS 技术，对桂西北典型喀斯特分布区的河池地区土地利用景观变化分析发现：1990—2000 年间，桂西北喀斯特区域土地利用变化表现为"4 增 2 减"，耕地、林地、草地之间转换较为频繁（见表 5-4[6]、图 5-3[6]），转换面积大多发生在 500 m 以下的坡麓地带和不小于 6°的坡度带上，部分林地和草地向石漠化转变[5,6]；对影响土地利用格局变化的自然驱动因子和人为驱动因子进行了相关分析、主成分分析和典范对应分析等定量化研究，结果表明桂西北喀斯特区域的土地利用变化主要是受社会经济因素影响，其中结构调整和环境压力在土地利用变化的驱动因素中作用最大，城市化发展水平较为落后[6,7]（见图 5-4[6]）。

表 5-4　河池地区 1990—2000 年土地利用面积净变化[6]

土地利用类型	1990 年面积（km²）	2000 年面积（km²）	面积净变化（km²）	净变幅度（%）
耕地	3 988.97	4 021.93	32.96	0.83
林地	22 756.21	22 622.42	−133.79	−0.59
草地	4 649.27	4 636.61	−12.66	−0.27
水域	231.72	313.1	81.38	35.12
城镇建设用地	182.16	198.22	16.06	8.82
未利用地	1 672.7	1 688.75	16.05	0.96

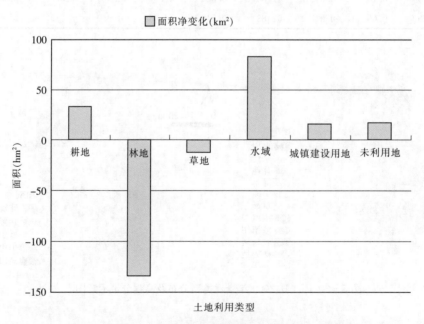

图 5-3　1990—2000 年河池地区土地利用类型变化特征[6]

　　借助关联度分析，分别对桂西北喀斯特不同尺度的区域生态环境脆弱性进行了研究[8,9]，在计算研究区景观类型脆弱度和生态环境脆弱度的基础上，利用半变异函数与空间插值分析，揭示研究区生态环境脆弱度空间分布特征：①林地景观脆弱度最高，其次为未利用地和耕地；②区域生态环境脆弱度指数具有明显的空间相关性，相关距离在 25 km 左右，区域脆弱度的空间变异在 15 km 以内表现出明显的各向同性，15 km 以外表现出各向异性；③区域生态环境脆弱度整体表现出从东北到西南逐渐增大趋势，局部随高程的增加表现出"高—中—低—中—高"的变化特征，地质和地形是该区生态环境脆弱度空间格局的两大控制因素[9]。

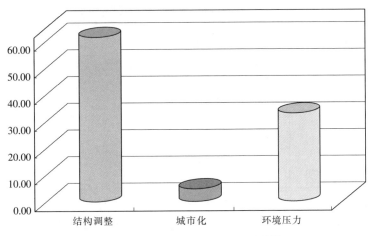

图 5-4　土地利用变化直接驱动力[6]

5.1.2　喀斯特区域土地利用格局变化的生态系统服务功能价值响应

　　罗俊等选取桂西北主要喀斯特分布区的河池地区为研究区，运用环境经济学和生态学的理论与方法，分别对区内 2000 年林地、农田、草地、水域和荒地等生态系统的物质生产、大气调节、土壤保持、水源涵养、环境净化、生物多样性保护和休闲旅游 7 项主要生态系统服务功能进行价值评估，河池地区 7 项主要生态系统服务功能总价值为 443.89 亿元，是其当年 GDP 的 3 倍；其中土壤保持和大气调节功能价值分别占总价值的 38.09% 和 34.97%，远大于物质生产功能所占的比重（见表 5-5[11]）；其区域单位面积生态系统服务功能价值为 13 247.26 元/hm^2，相当于中国陆地平均单位生态服务功能价值的 2.45 倍，显示了喀斯特地区生态系统具有极强调节功能价值和支持功能价值[10,11]。

表 5-5　河池市生态系统 2000 年各类服务功能价值[11]

单位：万元

服务功能 类型	林地	草地	农田	水域	荒地	合计
物质生产	28 949.43	7 467.29	194 097.1	234.93	436.31	231 185.06
调节大气	1 255 621.63	112 413.36	143 304.22	29.15	41 076.59	1 552 444.95
保持土壤	906 028.24	365 519.72	153 398.59	0	265 844.46	1 690 791.01
涵养水源	228 897.5	17 068	5 984.4	43 570	1 304.62	296 824.52
净化环境	369 728.07	7 992.72	105 715.8	7 517.71	−11 757.64	479 196.66
生物多样性	74 012.39	7 247.50	2 207.16	1 657.43	4 625.34	89 749.82
休闲旅游	88 574.94	810.65	94.75	8 805.22	414.65	98 700.21
合计	2 951 812.20	518 519.25	604 802.02	61 814.44	301 944.32	4 438 892.23

　　在就河池地区 1990—2005 年土地利用格局变化的生态服务功能价值响应分析时，发现：1990—2005 年生态系统 7 种服务功能价值都是缓慢增加的（见图 5-5[11]），增幅最大的是土壤保持价值，生物多样性保护功能价值增加幅度最小；针对喀斯特地区存在的水土流失、石漠化的生态环境问题，进行了生态敏感性评价和生态系统服务功能重要性评价与空间分析，表明：水土流失敏感区面积占总面积的 99.6%（见图 5-6[11]），而石漠化高度敏感和极度敏感面积比例达 47.4%（见图 5-7[11]），其空间分异主要受岩性、植被、降雨和人类活动的制约，喀斯特石漠化尤其受到人为干扰的影响，其分布与人口密度分布（见图 5-8[11]）呈较强的正向相关；生态系统服务功能重要性评价明确了土壤保持和石漠化控制功能对喀斯特地区生态环境状况的重要控制作用、生物多样性保护功能对区域环境的支持作用，以及水源涵养功能对桂西北和珠江中下游的蓄水供水意义[8,11]。

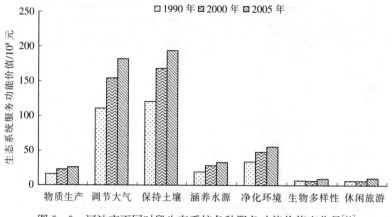

图5-5　河池市不同时段生态系统各种服务功能价值变化量[11]

图5-6　河池市水土流失敏感性分布图[11]

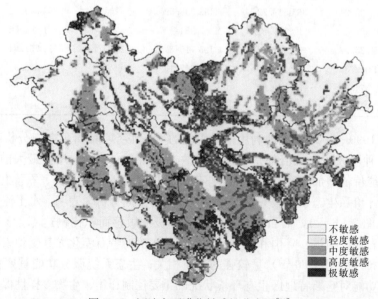

图5-7　河池市石漠化敏感性分布图[11]

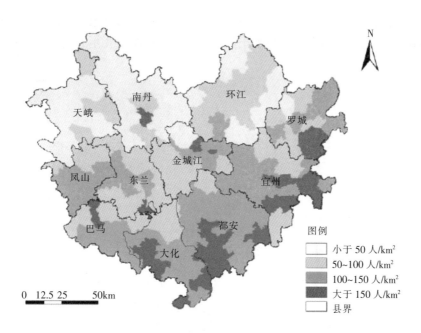

图 5-8　2005 年河池地区人口密度分布图[11]

　　基于上述生态环境现状、生态敏感性和生态系统服务功能重要性评价，把河池市可划分为 2 个一级区（生态区），7 个二级区（生态亚区）和 14 个三级区（生态功能区）（见图 5-9[11]）；对各生态功能区生态服务功能价值比较分析发现：林地和农田等所占面积比例较大的生态功能区其单位面积生态服务价值也较高。由于喀斯特地区农田面积有限，林地面积就成为决定区域生态服务价值的主要因素；大气调节和土壤保持服务功能价值在各功能区价值构成中的比例分别在 16.6% 和 26.2% 以上，生物多样性保护和休闲旅游功能价值所占比例偏小，均在 4.1% 以下[11,12]。

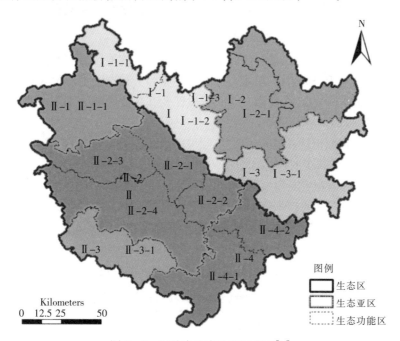

图 5-9　河池市生态功能区划图[11]

　　根据生态功能区的生态调控类型特征，把 14 个生态功能区划分为生态协调区、生态控制区、生态保育区和生态支持区（见图 5-10[11]）。针对其生态功能特点和对整体区域的作用，分别采取不同的生态恢复、治理和管理措施，进行生态调控。确定九万山山地和红水河上游水源涵养、生物多样性保护重要生态功能区；都阳山喀斯特山地水土保持与石漠化控制重要生态功能区为河池市重要生态功能区，进行重点保护和治理[11]。

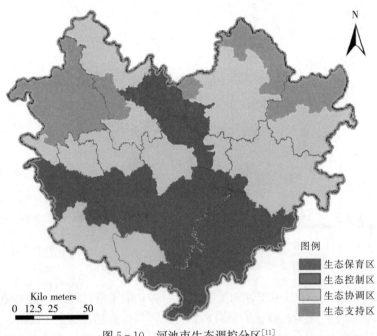

图 5-10　河池市生态调控分区[11]

5.2　喀斯特土壤生态环境特征与植被演替效应

5.2.1　喀斯特土壤环境养分/水分的特征及时空分异规律

5.2.1.1　桂西北喀斯特土壤生态环境的特殊性

西南喀斯特地区是一种受地质背景制约的脆弱生态环境，该地区岩石与浅薄土层的相互镶嵌，是导致喀斯特生境高度异质性和土壤生态功能差异的重要原因。在这种地形地貌错综复杂、小生境类型多样的喀斯特山区，土壤水分的运移规律、空间异质性及其主要影响因素土壤水分运移相当复杂，具有和其他类型区不同的规律和特点。

研究喀斯特峰丛洼地坡面土壤粒度以及^{137}Cs顺坡的变化趋势（见表5-6[13]、表5-7[13]），发现：粗砾（>20 mm）含量呈顺坡减少的趋势，细砾（2～20 mm）含量则呈顺坡增加的趋势，倒石堆坡地是撒落堆积的产物，粗大的碎屑物主要集中在倒石堆的上部，细小的碎屑物则集中在其下部，土体的粒度自上而下逐渐变小，呈顺坡变细的趋势；^{137}Cs取样点所在地为环江—本底值为997.7 Bq/m² (2006)，变异系数（CV）0.13。环江喀斯特生态系统站坡地石灰土角砾多、孔隙大，土壤剖面中^{137}Cs分布深度大、浓度高、面积活度低，揭示了由于地下漏失引起土壤的细颗粒物质和^{137}Cs的垂直向下的迁移；土—石坡面年降雨径流系数小于5%，土壤流失以"地下过程为主，地表过程为辅"[13]。

表5-6　喀斯特坡地土壤粒度的顺坡变化[13]

取样点编号	坡度（°）	跟坡脚距离（mm）	>20mm 粗砾含量（%）	>2mm 砾石含量（%）	<2mm 沙、黏粒含量（%）
1	28	164.86	27.10	73.09	26.91
2	28	145.93	17.40	71.61	28.39

（续）

取样点 编号	坡度 （°）	跟坡脚距离 （mm）	>20mm 粗砾含量（%）	>2mm 砾石含量（%）	<2mm 沙、 黏粒含量（%）
3	19	128.46	40.39	78.97	21.03
4	28	110.00	24.12	68.99	31.01
5	28	96.56	26.24	66.74	33.26
6	30	87.13	23.08	75.35	24.65
7	23	72.72	8.07	73.52	26.48
8	16	60.78	9.80	79.60	20.40
9	10	48.14	6.10	78.27	21.73
10	15	42.53	3.56	70.00	30.00

表 5-7　喀斯特坡地土壤全样的^{137}Cs 比活度与面积活度[13]

取样点 编号	坡度 （°）	跟坡脚距离 （mm）	>20mm 粗砾含量（%）	>2mm 砾石含量（%）	<2mm 沙、 黏粒含量（%）
1	28	164.86	27.10	73.09	26.91
2	28	145.93	17.40	71.61	28.39
3	19	128.46	40.39	78.97	21.03
4	28	110.00	24.12	68.99	31.01
5	28	96.56	26.24	66.74	33.26
6	30	87.13	23.08	75.35	24.65
7	23	72.72	8.07	73.52	26.48
8	16	60.78	9.80	79.60	20.40
9	10	48.14	6.10	78.27	21.73
10	15	42.53	3.56	70.00	30.00

土壤水分的有效性是指土壤水分能够被植物吸收利用的难易程度，反映了不同类型土壤的抗旱性能。喀斯特山区土壤质地粘重，黏粒（<0.002 mm）含量较高。其有效含水量一般也相应较低（见表 5-8[14]）。因此，在进行不同利用方式土壤水分状况评价时，不能单纯根据土壤含水量的高低来判断。当然，由于坡地土层浅薄，加上植物根系具有穿插岩石吸收裂隙水的功能，所以上述指标不能作为评价坡地植物抗旱性能的唯一指标。就喀斯特山区土壤水分入渗规律而言，洼地剖面各层土壤透水性能差异较大，具有随土层深度的增加而减小的趋势，但碎石能在一定程度上增加土壤水分入渗[14]。

表 5-8　广西区环江县古周村喀斯特峰丛洼地不同利用类型土壤水分有效性比较[14]

土地利用 方式	粘粒含量 （%）	田间持水量 （%）	毛管断裂含水量 （%）	凋萎含水量 （%）	速效水含量 （%）	迟效水含量 （%）	有效水含量 （%）
次生林	51.6	36.8	33.0	25.9	3.8	7.1	10.9
灌草丛	38.3	29.9	26.1	19.3	3.8	6.8	10.6
坡耕地	34.1	26.3	22.6	15.9	3.7	6.7	10.4
洼地玉米	28.4	24.8	20.7	13.7	4.1	6.9	11.0

注：土壤含水量都为重量百分比。

5.2.1.2　喀斯特峰丛洼地土壤水分时空分异

在对喀斯特山区洼地旱季土壤水分空间变异性的研究发现，表层土壤水分的空间格局主要受石丛和地形两个尺度环境因素的影响和控制，呈现比较简单的斑块状分布（见图 5-11[15]）；土被连续分布区域，土壤水分具有较小的总体方差和较大的变程，土壤水分空间连续性较好；石丛分布区域，土壤水分具有较大的基台值和较小的变程，土壤水分空间连续性差（见表 5-9[15]）；土壤水分具有一定的尺度效应，半变异函数的变程随着最小采样间隔增大而增大（见表 5-10[15]），因此当研究区域存在多重尺度的变异结构时，需要根据研究的目的和精度确定合理的采样尺度[15]。对比研究喀斯特地区洼地表层土壤水分空间变异在湿润、干旱条件下的差异，发现：湿润条件下，土壤水分具有中等和较强的空间相关性，变程分别为 33.15 m 和 15.75 m，0~5cm 土层趋势效应明显；干旱条件下，土壤水分则呈现出强烈的空间相关性，而且相似斑块的空间尺度有所减小，变程最小仅为 8.22 m（见表 5-11[17]）；在平均含水量较低时（干旱条件）其变异程度较大，实际应用中应根据平均含水量水平采取不同的取样设计；实验区表层土壤水分空间变异及其分布格局的差异显著[16-18]。对桂西北喀斯特洼地两种典型的土地利用类型（耕地和牧草地）0~80cm 土壤水分空间的垂直变异结构及其分布格局分析，结果表明：耕地和牧草地土壤水分呈现弱变异特征，两者的垂直变异趋势大致随土层加深先减小后增大，其中牧草地土壤水分的变异程度相对较大（见图 5-12[19]）；耕地和牧草地土壤水分在垂直层面均具有良好的半方差结构和较强的空间相关性，均可用球状模型拟合，变程分别是 66.0cm 和 49.1cm；土壤水分的垂直空间相关性及变程可能与土壤容重具有一定关系[19]。以样线取样方式测定了喀斯特峰丛洼地坡面表层（0~5cm、5~10cm、10~15cm）的土壤水分，采用经典统计结合地统计学方法分析了其空间分布特征及变异结构，结果表明：坡面横向由于特殊的土壤分布和地貌形态使得水分变异较纵向强烈[20]，反映峰丛洼地坡面土壤水分受坡位影响小的特征。对喀斯特地区洼地表层（0~15cm）土壤水分时空变异特征及分布格局的研究结果表明：洼地表层土壤水分的半变异函数参数及其影响因素产生一定季节变化，块金值和基台值的变化大致与平均含水量呈相反变化趋势[21]。

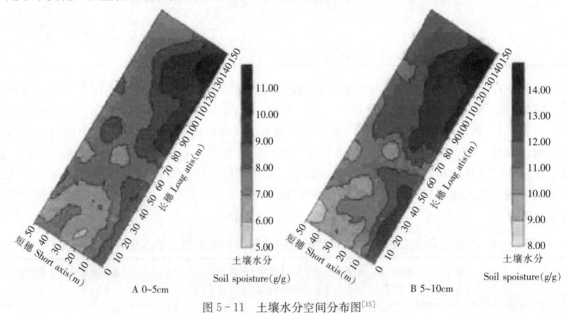

图 5-11　土壤水分空间分布图[15]

表 5-9　不同性质斑块土壤水分半变异函数理论模型及其结构参数[15]

斑坡类型	土层深度 （cm）	模型类型	C_0 （g^2/g^2）	C_0+C （g^2/g^2）	变程 （m）	R^2	F
连续土坡 Soil continnmn	0~5	Exponential	1.97	4.46	89.2	0.983	289.1
	5~10	Exponential	1.87	3.9	130.1	0.984	307.5
石丛分布区 Rock distnibnmion	0~5	Exponential	0.59	5.55	8.4	0.935	71.9
	5~10	Exponential	0.48	6.11	8.9	0.846	27.5

表 5-10　不同采样尺度土壤水分半变异函数理论模型及其结构参数[15]

土层深度 (cm)	最小滞后间距 (m)	C_0 (g^2/g^2)	C_0+C (g^2/g^2)	变程 (m)	块金值/基台值 $C_0/(C_0+C)$	R^2	F
0~5	5	3.5	5.05	62.01	0.693	0.841	68.7
	10	3.58	5.09	65.49	0.703	0.835	30.36
	15	3.6	5.1	72.99	0.706	0.836	15.29
	20	3.73	5.11	78	0.73	0.871	13.5
5~10	5	3.4	5.3	56.01	0.641	0.722	33.7
	10	3.5	5.05	60	0.693	0.709	14.61
	15	3.51	5.1	72.51	0.688	0.725	7.91
	20	3.5	5.22	81.99	0.670	0.805	8.26

表 5-11　土壤水分空间变异半方差特征参数[17]

采样 时间	土层深度 (cm)	平均含水量 (%)	块金值 C_0	基台值 $C+C_0$	$C_0/(C+C_0)$ (%)	变程 (m)	模型	R^2
湿润条件	0~5	23.00	0.97	2.35	41.27	33.15	A	0.85
	0~5*	23.00	0.18	1.92	6.25	10.83	A	0.94
	5~10	23.26	0.35	1.54	22.73	15.75	A	0.84
干旱条件	0~5	8.14	0.01	3.43	0.29	9.14	B	0.94
	5~10	11.61	0.001	2.75	0.04	8.22	B	0.37

A：指数，B：球状　*趋势分离后的半方差参数项

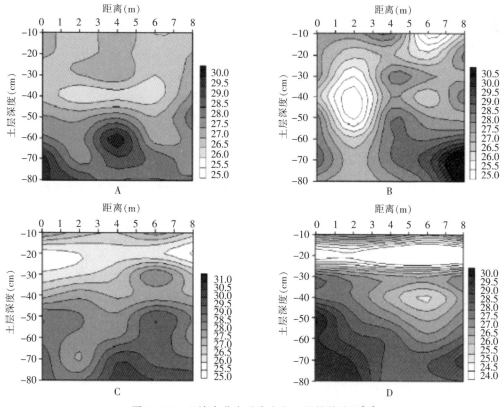

图 5-12　土壤水分在垂直方向上的等值线图[19]

在桂西北喀斯特峰丛洼地，分析不同利用方式坡面、洼地土壤水分的动态变化规律，结果表明，土壤水分含量为：自然植被＞撂荒地＞坡耕地＞人工林，自然恢复是比人工林更好的生态恢复措施[13,22]（见表5-12[13]）；坡面土壤水分（0～20cm）为中等变异，易受外界条件的干扰（见表5-13[23]），洼地土壤水分受外界条件的干扰相对较小，剖面土壤含水量为增长型，其变化主要发生在表层，为中等变异[23,24]（见表5-14[23]）；土壤水分沿坡面的分布规律较为复杂，在植被类型相对一致的条件下，也表现出坡位的影响相对较小[20,23]（见表5-15[23]），说明峰丛洼地坡面土壤水分主要受土地利用方式的影响；利用时序分析法，比较不同土地利用下土壤水分对降水响应能力的差异，表明土地利用的保水持水性能差异明显（见图5-13[24]、图5-14[25]），退耕还草以及种植特殊的植被类型（如匍匐茎类植物）等模式能延缓降雨入渗、阻止地面蒸发，有助于喀斯特退化生态系统的土壤水分保蓄和植被恢复[22-26]。

表 5-12　坡地土壤水分变异及其影响因素[13]

土地利用方式	坡度（°）	裸岩率（%）	土层深度（cm）	平均含水量（%）	SOC（g/kg）	容重（g/cm³）	总孔隙度（%）
自然植被	38.7±10.0	81.2±11.2	25.0±12.6	37.61a	56.71a	0.97a	62.50a
撂荒地	34.6±8.10	63.2±15.4	30.6±12.0	31.40b	36.04b	1.08b	58.20b
人工林	27.2±9.60	50.3±24.0	38.5±14.9	22.54c	16.41c	1.20c	54.38c
坡耕地	33.2±11.7	56.2±21.4	38.6±15.5	26.26d	22.51c	1.12b	57.01b

表 5-13　坡面土壤水分的垂直变化[23]

样土	土地利用类型	土层深度（cm）	平均值（%）	最大值（%）	最小值（%）	标准差（%）	变异系数	层次
S1	自然灌丛	0～10	38.46	47.57	24.96	6.72	0.17	次活跃层
		10～20	36.07	42.76	24.77	5.49	0.15	
S2	撂荒地	0～10	26.75	36.19	17.30	5.90	0.22	活跃层
		10～20	27.28	35.64	16.64	5.68	0.21	
S3	坡耕地	0～10	27.74	37.09	15.63	6.14	0.22	活跃层
		10～20	29.00	35.85	17.87	5.11	0.18	次活跃层
S4	板栗林地	0～10	19.05	28.82	9.80	5.78	0.30	活跃层
		10～20	20.15	28.27	13.60	4.56	0.23	
S5	木豆林地	0～10	18.37	25.62	10.39	4.85	0.26	活跃层
		10～20	19.26	24.62	11.25	3.96	0.21	

表 5-14　洼地土壤水分的垂直变化[23]

样土	土地利用类型	土层深度（cm）	平均值（%）	最大值（%）	最小值（%）	标准差（%）	变异系数	层次
D1	牧草地	0～10	21.52	26.95	15.25	3.59	0.17	次活跃层
		10～20	22.70	28.12	15.89	3.39	0.15	
		20～30	24.02	27.76	20.26	2.53	0.11	
		30～40	26.44	30.42	23.19	2.11	0.08	
		40～50	27.47	31.81	24.68	1.95	0.07	
		50～60	28.37	33.30	25.53	2.24	0.08	相对稳定层
		60～70	29.30	32.92	26.89	1.81	0.06	
		70～80	30.32	35.08	26.42	2.22	0.07	

（续）

样土	土地利用类型	土层深度（cm）	平均值（%）	最大值（%）	最小值（%）	标准差（%）	变异系数	层次
D2	玉米地	0～10	23.20	28.48	15.65	4.15	0.18	
		10～20	25.08	29.22	19.09	3.42	0.14	次活跃层
		20～30	24.74	27.39	20.21	2.05	0.08	
		30～40	25.37	27.72	21.80	1.78	0.07	
		40～50	26.57	29.14	23.22	2.00	0.08	相对稳定层
		50～60	26.73	29.51	23.97	1.68	0.06	
		60～70	26.77	28.89	24.16	1.34	0.05	
		70～80	26.68	28.58	23.85	1.32	0.05	
		80～90	27.00	29.59	23.65	1.29	0.05	
		90～100	27.11	32.48	23.73	1.90	0.07	

表 5-15　土壤水分沿坡面的分布规律[23]

坡向	坡位	坡度（°）	海拔（m）	土地利用类型	土壤水分（%）		
					8月1日	8月17日	8月31日
北偏西68°	坡上	34	471	撂荒地	36.97±1.21Aa	37.87±1.86Aa	29.95±4.31Aa
	坡中	32	444		32.23±1.31Bb	33.15±1.14Bb	21.80±1.30Bb
	坡下	30	419		32.89±1.22Bb	33.38±0.77Bb	22.82±1.27Bb
东编南50°	坡上	41	461	板栗林地	29.09±0.99Aa	31.09±1.52Aa	21.72±1.54Aa
	坡中	39	437		29.90±1.13Aa	31.70±2.69Aa	22.70±1.14Aa
	坡下	36	419		31.49±1.73Aa	32.77±2.67Aa	22.93±1.16Aa

注：不同字母表示5%和1%水平上差异显著。

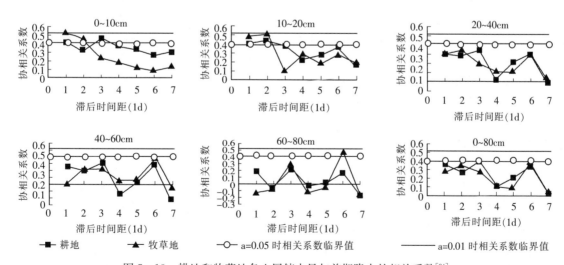

图 5-13　耕地和牧草地各土层储水量与前期降水的相关系数[24]

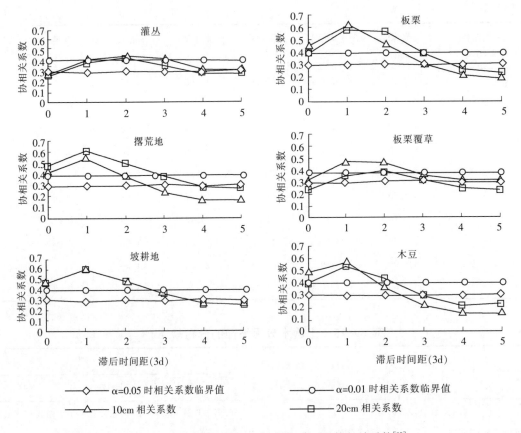

图 5-14　不同覆被类型土层水势与降雨的协相关系数[25]

5.2.1.3　喀斯特峰丛洼地土壤养分时空间分异

桂西北喀斯特典型峰林谷地分布区，对主要土地利用类型的表层土壤网格采样（见图 5-15[27]），研究了土地利用方式对土壤养分分布的影响。喀斯特地区旱地土壤有机质、全氮以及土壤微生物生物量碳和氮含量均显著低于稻田与林地土壤（见表 5-16[27]、图 5-16[28]），说明旱地利用方式不仅不利于土壤有机碳和全氮的积累，而且使土壤微生物生物量碳和氮下降[27,28]。同时，旱地利用方式下土壤 pH 明显低于稻田和林地土壤。稻田比旱地和林地利用方式下更有利于土壤微生物生物量碳的形成，其含量平均值比林地和旱地高 3～5 倍（见表 5-17[28]、图 5-17[28]）。稻田土壤微生物生物量碳与生物氮比率（BC/BN）平均值比旱地和林地土壤高 1 倍多。土壤微生物生物量碳与土壤有机碳、土壤微生物生物量氮与土壤全氮含量之间均呈极显著正相关关系（见 5-18[28]，5-19[28]），土壤微生物生物量碳和氮含量可作为综合评价喀斯特土壤质量和肥力的指标之一[27-29]；该区林地养分存在积累效应，水田也利于碳氮固定，而旱地养分存在亏失[29]。针对喀斯特地区发育的红壤（红壤低山区），分析土地利用方式对表层土壤溶解有机碳（DOC）含量的影响，发现旱地、果园和林地土壤 DOC 含量分别比稻田土壤高 271%、278% 和 315%，长期处于淹水条件下的稻田土壤 DOC 含量明显低于旱作土壤（如旱地和果园），林地开垦为旱地或果园后土壤 DOC 含量降低（见表 5-18[30]、图 5-20[30]）；与亚热带红壤丘陵区（湖南洞庭湖以南地区）相同土地利用类型比较，喀斯特地区土壤 DOC 的含量明显高于后者[30]。选取喀斯特峰丛洼地中的耕地、退耕还草地、退耕还林地和林地等典型景观类型，系统地分析景观类型表层土壤和土壤剖面有机碳和氮素的分布特征，结果表明：林地土壤土层浅薄，但其表层土壤有机碳和全氮含量平均高达 46.14g/kg 和 4.87g/kg，耕地土壤有机碳和全氮含量为 13.96g/kg 和 1.88g/kg，退耕还林地表层土壤有机碳和全氮含量比耕地明显提高，退耕还草地比耕地略高（见表 5-19[31]、图 5-21[31]）；耕地 0～40cm 和退耕还草地 0～

30cm 土壤有机碳和全氮含量随剖面深度增加急剧下降，耕地 40～100cm 和退耕还草地 30～100cm 则缓慢下降，退耕还林地土壤厚度一般小于 1m，土壤有机碳和全氮含量在整个剖面均随深度增加急剧下降（见图 5－22[31]）。

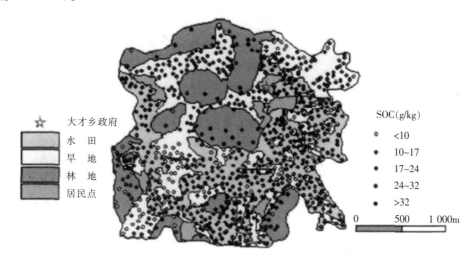

图 5－15　土壤样点空间分布[27]

表 5－16　峰林谷地土壤养分统计结果[27]

土壤养分	土地利用	样本数	均值	标准差	变异系数	最小值	最大值	偏度	峰度	K－S sig
有机碳 SOC (g/kg)(1)	水田	345	24.54aA（2）	7.83	31.9%	9.49	44.85	0.22	−0.75	0.266**（3）
	林地	86	24.84aA	10.18	41.0%	9.23	43.82	0.08	−1.08	0.582**
	旱地	321	13.25bB	4.48	33.8%	4.42	28.87	0.66	0.56	0.048
	总计 Total	752	19.75	8.94	45.3%	4.42	44.85	0.62	−0.47	0.000
全氮 TN (g/kg)	水田	343	2.64aA	0.76	28.6%	1.02	4.83	0.15	−0.40	0.757**
	林地	86	2.45bA	1.17	47.5%	0.72	5.79	0.40	−0.26	0.204**
	旱地	323	1.68cB	0.53	31.7%	0.55	3.75	0.58	0.30	0.060**
	总计	752	2.21	0.86	39.2%	0.55	5.79	0.58	0.04	0.006
全磷 (g/kg)	水田	345	0.50cB	0.17	32.8%	0.10	1.08	1.14	1.19	0.000
	林地	91	0.62aA	0.33	52.5%	0.18	1.27	0.13	−1.21	0.030
	旱地	321	0.57bA	0.18	31.4%	0.23	1.24	0.51	0.21	0.069**
	总计	757	0.55	0.20	36.8%	0.10	1.27	0.79	0.50	0.000
碳氮比 C∶N	水田	342	9.26bB	1.16	12.5%	4.41	12.74	−1.48	3.87	0.000
	林地	78	10.72aA	1.60	14.9%	8.18	16.37	1.61	3.28	0.079**
	旱地	321	8.03cC	1.67	20.8%	2.60	22.58	2.14	20.91	0.000
	总计	741	8.88	1.68	18.9%	2.60	22.58	0.72	8.36	0.000
pH	水田	347	6.19bA	0.34	5.5%	5.50	7.35	1.25	2.02	0.000
	林地	91	6.33aA	1.20	19.0%	4.18	7.42	−0.87	−1.03	0.000
	旱地	320	5.48cB	0.66	12.0%	4.03	7.11	−0.03	−0.66	0.416**
	总计	758	5.91	0.74	12.4%	4.03	7.42	−0.36	−0.07	0.000

注：1. 土壤有机碳、全氮、全磷的均值、标准差、最小值、最大值单位均为 g/kg；

2. 不同小写字母表示差异显著（$p<0.05$），不同大写字母表示差异极显著（$p<0.01$）；

3. ** 表示数据服从正态分布。

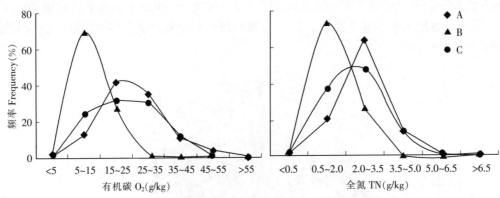

A：稻田 Paddy；B：旱地 Up land；C：林地 Woodland.

图 5-16 喀斯特峰林谷地水田、旱地和林地土壤有机碳和全氮含量的分布频率[28]

表 5-17 喀斯特峰林谷地水田、旱地和林地土壤微生物生物量碳和氮含量[28]

土地利用方式	样本数	生物碳 (mg/kg)	生物氮 (mg/kg)	生物碳/有机碳 (%)	生物氮/全氮 (%)	生物碳/氮
稻田	334	1 740±945aA	113.6±48.8aA	6.78±2.58aA	4.22±1.19aA	14.90±4.59aA
旱地	80	298±365cC	42.9±33.9bB	1.95±1.73bB	2.49±1.73cB	6.87±3.98bB
林地	307	529±283bB	117.0±88.8aA	2.15±0.62bB	4.67±1.57bB	5.19±1.59cC

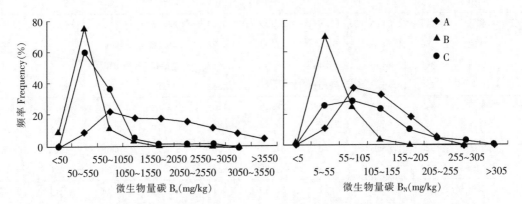

图 5-17 喀斯特峰林谷地水田、旱地和林地土壤微生物生物量碳和氮含量的分布频率[28]

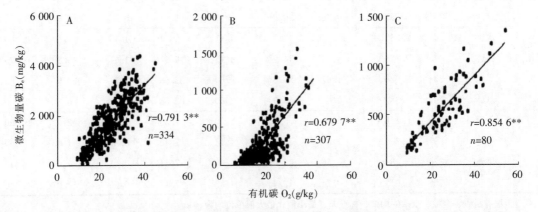

图 5-18 喀斯特峰林谷地水田、旱地和林地土壤微生物生物量碳与有机碳含量的相关性[28]

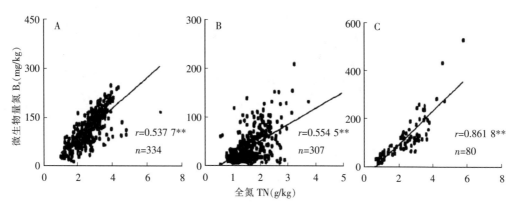

图 5-19　喀斯特峰林谷地水田、旱地和林地土壤微生物生物量氮与全氮含量的相关性[28]

表 5-18　喀斯特红壤低山与红壤丘陵不同利用方式土壤溶解有机碳含量[30]

景观单元	土地利用	样本数	均值（mg/kg）	标准差 S.D.	变异系数 CV（%）	最小值	最大值	偏度	峰度	K-S P
红壤低山	稻田	77	46.7cB	14.9	32	18.9	75.4	0.13	−0.86	0.88
	旱地	193	173.1bA	72.2	42	15.6	350.1	−0.01	−0.42	0.93
	果园	81	176.7bA	45.0	25	54.8	276.8	−0.40	−0.34	0.45
	林地	132	193.8aA	55.0	28	57.8	317.7	−0.16	−0.35	0.84
	总计	483	159.2	75.8	48	15.6	350.1	−0.12	−0.81	0.00
红壤丘陵	稻田	254	68.0cC	23.1	34	19.8	163.6	1.04	1.61	0.03
	旱地	66	93.0bB	27.5	30	22.9	159.4	0.24	−0.22	0.68
	果园	196	114.9aA	33.9	30	33.0	200.8	−0.22	−0.40	0.58
	林地	17	120.3aA	23.3	19	75.0	155.1	−0.47	−0.75	0.86
	总计	533	90.0	35.4	39	19.8	200.8	0.49	−0.59	0.00

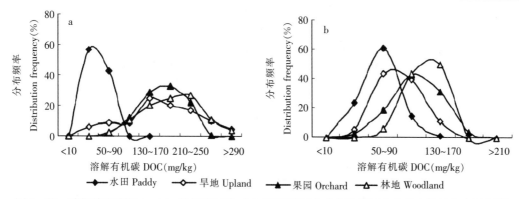

图 5-20　喀斯特红壤低山（a）和红壤丘陵（b）不同利用方式土壤溶解有机碳含量的分布频率[30]

表 5-19　表层土壤有机碳和全氮及碳/氮[31]

土地利用类型	样本数	土壤有机碳		土壤全氮		土壤碳/氮	
		均值（g/kg）	变异系数（%）	均值（g/kg）	变异系数（%）	均值（g/kg）	变异系数（%）
林地	38	46.14A	49	4.87A	43	9.9A	39
退耕还林地	130	18.89B	34	2.45B	33	7.9BC	22
退耕还草地	146	15.31C	27	1.89C	27	8.3B	22
耕地	271	13.96C	3	1.88C	32	7.6C	21

同列不同字母表示差异极显著（P<0.01）。

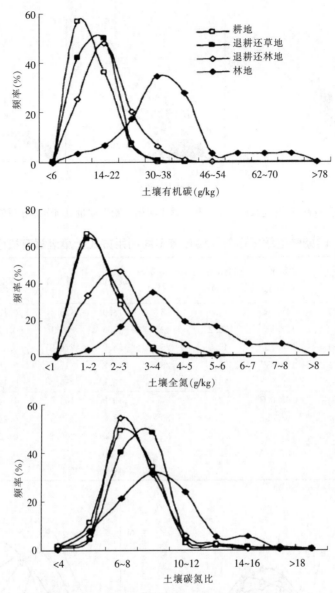

图 5 - 21 表层土壤有机碳和全氮及碳/氮分布[31]

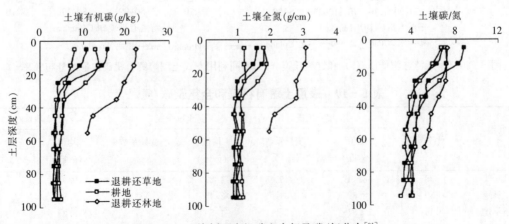

图 5 - 22 土壤剖面有机碳和全氮及碳/氮分布[31]

采用网格和线形取样，利用经典统计方法，对喀斯特峰丛洼地系统土壤有机碳、全氮、全磷、全钾、碱解氮、速效磷、速效钾、pH 和 C/N 等土壤养分的空间分异进行研究，发现：土地利用方式是影响土壤有机碳、全氮、全磷、全钾、碱解氮、速效磷等养分含量的主要环境因子，地形因子对有机碳、全氮、全磷、碱解氮、速效磷、速效钾和 pH 有显著影响，其中立地因子对速效钾影响较大，高程因子对 pH 影响较大，各因子对土壤 C/N 均没有显著影响（见表 5-20[32]）；其中有机碳、全氮、碱解氮含量随着土地利用强度的增加而降低，受施肥影响，耕地土壤的全磷和速效磷含量较高，全钾含量在各土地利用类型间则无明显差异（见表 5-21[32]）；说明耕作对喀斯特脆弱生态系统土壤具有重要影响，是造成土壤养分流失、退化的主要原因[32-34]。

表 5-20　各影响因子对坡地土壤养分的方差贡献[32]

影响因子	SOC	TN	TP	TK	AN	AP	AK	pH	C/N
土地利用方式	6.66*	4.10*	1.88*	113.52*	4.79*	2.40*	7 165.69*	0.05	0.70
立地因子	4.53*	3.83*	1.83*	33.12	3.62*	0.20	20 675.03*	0.02	0.02
高程因子	1.79*	1.04*	0.29	14.51	1.16*	1.29*	14 267.49*	0.56*	0.08
随机误差	6.66	8.29	6.43	946.71	5.12	18.69	64 204.73	5.40	7.66

*表示影响程度显著（$P<0.05$）。

表 5-21　不同土地利用类型对土壤养分的影响[32]

地土利用类型	SOC (g/kg)	TN (g/kg)	TP (g/kg)	TK (g/kg)	AN (mg/kg)	AP (mg/kg)	AK (mg/kg)	pH	C/N
自然坡地	58.30a	6.03a	1.13a	9.11a	424.13a	5.92ab	112.61a	6.80a	10.67a
撂荒地	33.35b	4.59a	0.83b	10.35a	266.66b	5.75ab	104.64a	6.86a	8.39ab
木豆—板栗地	20.45c	2.47b	0.87b	11.39a	177.21c	4.40b	78.91b	6.83a	8.33ab
耕地	17.42c	2.51b	1.02ab	11.01a	150.91c	7.66a	76.04b	6.81a	7.29b
F value	57.75*	31.40*	3.67*	2.21	55.80*	5.53*	7.27*	0.15	6.30*

*表示显著差异（$P<0.05$）；每列数据后相同字母表示各土地利用类型差异不显著。

采用线形取样，利用地统计学方法研究了典型喀斯特峰丛洼地土壤养分的空间变异特征。结果表明：①坡地土壤有机碳、全氮、碱解氮和速效钾具有相似的空间变异结构，其变程在 212～251 m 之间，与坡面不同土地利用方式的空间范围相当；全磷和全钾的变异尺度较小，为 141.2m 和 120.6m；受耕地施用磷肥影响，速效磷的变异尺度最小，仅为 85.1 m；除 pH 外，土壤各养分均表现为强烈的空间相关性（见表 5-22[35]）。②坡地土壤有机碳、全氮、碱解氮等养分的空间分布表现出随着海拔高度增加而增大的特征（见图 5-23[35]）；洼地农作区，有机碳受地形地貌特征和土地利用结构的影响，空间分布则表现为坡脚大于洼地，速效磷的空间分布主要受施肥影响，表现为洼地高于坡脚[36]。③裸岩率对有机碳、全氮、全磷、全钾、碱解氮、速效钾和 C/N 有显著影响，对有机碳、全氮、全磷和碱解氮的影响程度大于种植制度的影响，这主要与农户在裸岩率较低的地段耕作强度较大有关（见表 5-23[36]）；退耕生态恢复林木豆—板栗地的有机碳、全氮、全磷、全钾、碱解氮、速效钾等含量显著高于其他种植方式，说明退耕在一定程度上有利于土壤养分的积累（见图 5-24[36]）。④洼地土壤有机碳和速效磷的空间变异特征，分别采用球状模型和指数模型拟合的效果较好（见表 5-24[37]）；块金效应说明有机碳主要受结构性因素控制，而速效磷受结构性因素和随机因素双重控制（见图 5-25[37]）；有机碳的分布呈明显的带状各向异性特征，在洼地的长轴方向具有较大的变程和较小的基台值，其全向半变异函数的相关距离为 135.5 m，与洼地不同种植类型地块的覆盖尺度基本相当；速效磷的分布特征与有机碳存在明显差异，具有较大的漂移趋势，其相关距离为 413.4 m；但在分离漂移趋势后，其相关距离为 167.4 m，反映了不同地块间的施肥差异对速效磷的影响较大[37]。喀斯特峰丛洼地区域，土地利用结构、地形以及特殊的水文地质过程是影响土壤养分空间变异的主要因素，而速效磷可能受施肥等随机性因素的影响大[35,37]。

表5-22 坡面土壤养分全向半变异函数理论模型及其结构参数[35]

土壤养分	模型类型	块金值	基台值	块金值/基台值（%）	变程/m	R^2
SOC	球状模型	0.019	0.581	3.27	250	0.956
TN	球状模型	0.046	0.429	10.72	251	0.96
TP	球状模型	0.001 5	0.08	1.87	141.2	0.792
TK	球状模型	0.01	9.46	0.11	120.6	0.739
AN	球状模型	0.000 21	0.002 19	9.59	212	0.941
AP	球状模型	0.049	0.297 6	16.46	85.1	0.525
AK	球状模型	0.03	0.210 2	13.32	215.1	0.862
pH	线形模型	0.000 92	0.001 21	76	>366.2	0.156

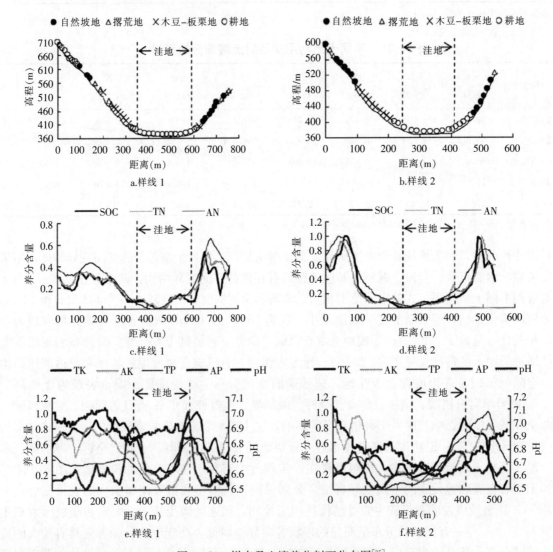

图5-23 样点及土壤养分剖面分布图[35]

表 5 - 23　各影响因子对洼地土壤养分的方差贡献[36]

土壤养分	SOC	TN	TP	TK	AN	AP	AK	pH	C/N
种植方式	628.1*	14.8*	0.7*	201.9*	33 321.5*	464.5*	51 528.5*	0.6	36.4*
裸岩率	3 605*	44.7*	6.8*	65.2*	227 264.7*	5.5	16 563.3*	0.1	23.2*
随机误差	8 922.1	171.4	34.4	3 590.6	720 865.7	8 839.7	162 959.2	36.0	1 458.9

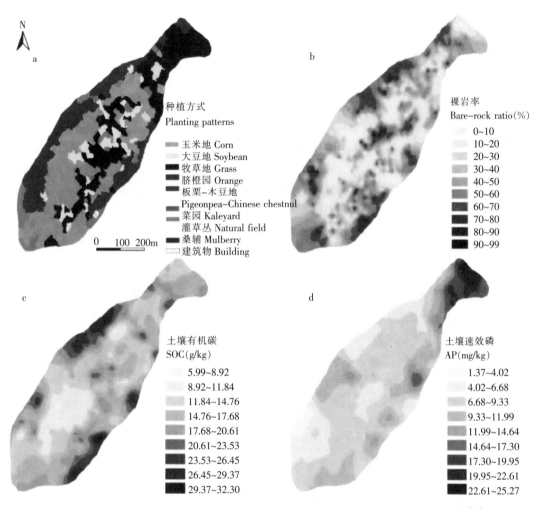

图 5 - 24　研究区土地利用（a）、裸岩率（b）、SOC（c）及 AP（d）的空间分布图[36]

表 5 - 24　土壤养分全向半变异函数理论模型及其结构参数[37]

土壤养分	模型类型	块金值	基台值	块金值/基台值（%）	变程（m）	R^2
SOC（g/kg）	球状模型	0.040 6	0.107 2	37.87	135.5	0.884
AP（mg/kg）	指数模型	0.125 6	0.252 2	49.80	413.4	0.922

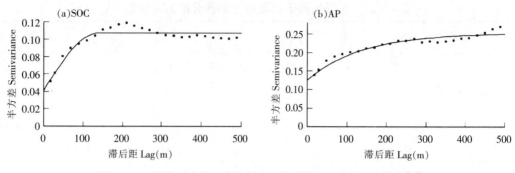

图 5-25　研究区洼地土壤有机碳和有效磷全向半变异函数图[37]

5.2.2　喀斯特植被演替效应

5.2.2.1　喀斯特植被演替特征

　　运用"空间代替时间"的方法，对喀斯特峰丛洼地的移民迁出区内不同演替阶段的植物群落多样性进行了调查，调查样地包括 4 个草丛，2 个灌草丛，4 个灌丛，3 个乔木林（2 个次生林、1 个原生林），共 13 个（见表 5-25[38]），其中草丛样地设为 5 m×5 m，灌草丛样地设为 10m×10m，灌丛样地设为 10m×20m，乔木林样地设为 20m×40m，再分为 8 个 10m×10m 的小样方。调查结果表明：不同植物群落演替阶段草本层物种多样性指数相对较为稳定，而均匀度指数与丰富度指数相对变化较大；各样地灌木层物种多样性指数总体上有缓慢递增趋势；乔木样地乔木层的物种多样性指数基本无变化，但是物种丰富度呈现递增趋势，而均匀度先缓慢上升转而迅速下降；同一群落内物种多样性为灌木层＞草本层；乔木林的分层多样性比较表现出灌木层＞乔木层＞草本层的规律（见图 5-26[38]）。从整个群落变化趋势看，随着恢复年限的增加和演替阶段的提高，整个群落的物种多样性指数呈明显的阶段跳跃性增长，出现多样性指数乔木林＞灌丛＞草丛的规律。实施环境移民工程 10 年来，植被群落各演替阶段的物种丰富度与多样性稳步增加，封育后植被恢复效果明显，生态环境得到了极大改善[38-40]。

表 5-25　群落多样性样地基本状况[38]

群落类型	恢复年限	面积（m²）	盖度（%）	海拔（m）	坡度（°）	坡向	坡位
白茅草丛	2	5×5	95	378	0	—	洼地
飞蓬草丛	3	5×5	90	368	0	—	洼地
水蔗草草丛	3	5×5	80	367	0	—	洼地
白茅—类芦草丛	5	10×10	95	565	35～40	东	中上
盐肤木—白茅灌草丛	12	20×10	85	618	15～20	西	山顶
马桑—类芦灌草丛	11	20×10	85	382	3～5	东南	下
灰毛浆果楝灌丛	12	20×10	90	471	40～45	东	中上
灰毛浆果楝灌丛	15	20×10	90	404	40～45	西	中上
聚果羊蹄甲灌丛	18	20×10	80	509	30～35	东	中上
园果化—密花树灌丛	20	20×10	90	750	3～5	西	山顶
羊蹄甲—粉苹婆次生林	50	40×20	95	421	40～45	西南	中
羊蹄甲—粉苹婆次生林	50	40×20	95	473	40～45	西南	中
园果化香—密花树原生林	100	30×20	95	527	35～40	东南	中

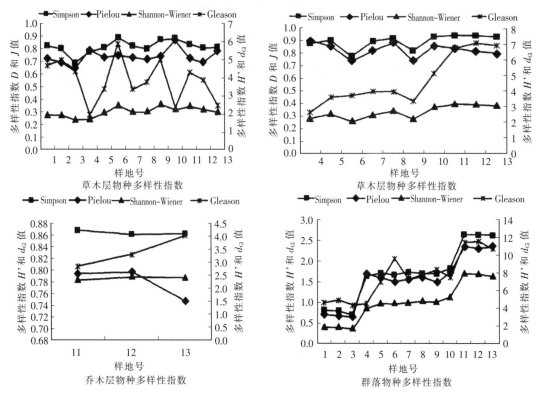

图 5-26 样地群落物种多样性指数图[38]

以顶极群落为对照,运用干扰理论和多样性分析方法,研究桂西北喀斯特 4 类典型干扰区自然恢复 22 a 之后植被特征及空间分布的变化。结果表明,干扰区的物种多样性丧失严重,共出现维管束植物 91 科 206 属 241 种,仅有自然保护区的 26.6%[39,40]。随着坡位的上升,群落的高度、盖度、生物量和物种多样性急剧下降(见表 5-26、表 5-27、表 5-28、表 5-29[39])。密度则呈少、多、次少的单峰分布变化,各项指标均远低于自然保护区。不同干扰方式对植被自然恢复的影响不同,其中整坡火烧+垦殖的破坏性最大,呈现了石漠化景观,整坡火烧+放牧次之,采樵属选择性干扰,采樵+放牧+坡脚火烧的恢复相对较快,没有放牧干扰的采樵+坡脚火烧恢复更好[39]。

表 5-26 干扰区的群落类型及其垂直变化[39]

类型	坡位	坡向	海拔(m)	描述	植被类型
Ⅰ	上	NW	347	草丛	蕨菜
	中	NW	321	灌丛	火棘+黄荆
	下	NW	302	乔灌丛	园叶乌桕+华南皂荚+硬叶石豆兰
Ⅱ	上	NE	351	草丛	蔓生莠竹+臭蒿
	中	NE	327	灌草丛	黄荆+斑茅
	下	NE	311	灌丛	黄荆+金樱子+臭蒿
Ⅲ	上	N	359	草丛	蕨菜+蔓生莠竹
	中	N	324	灌丛	八角枫+黄荆
	下	N	302	藤刺灌丛	老虎簕+小果野桐+紫麻
Ⅳ	整坡	NW	289~343	石漠化	稀疏草本
Ⅴ	中上	NE	716	顶极群落	青冈栎+南酸枣林

表 5 - 27　不同干扰区群落结构的变化[39]

类型	坡下					坡下				
	高度（m）	密度（ind./m²）		盖度		高度（m）	密度（ind./m²）		盖度	
		乔木	群落	乔灌层	群落		乔木	群落	乔灌层	群落
I	4.74	0.34	15.4	0.75	0.8	1.21	0	64.9	0.7	0.75
II	4.38	0.1	17.8	0.85	0.9	1.17	0	59.3	0.7	0.75
III	2.05	0.03	42.4	0.55	0.7	0.92	0	58.1	0.35	0.55
IV	0.02	0	3	<0.01	<0.01	0.02	0	3	0	<0.01
V	11.56	0.24	9.31	0.85	0.9	8.32	0.63	13.90	0.85	0.9

表 5 - 28　不同干扰区的群落生物量及其构成[39]

项　目		I		II		III		V	
		生物量（t/hm²）	百分率（%）	生物量（t/hm²）	百分率（%）	生物量（t/hm²）	百分率（%）	生物量（t/hm²）	百分率（%）
乔木层	干	11.05	22.01	0	0	0	0	40.25	33.45
	枝	5.54	11.03	0	0	0	0	26.44	21.97
	叶	3.05	6.07	0	0	0	0	18.57	15.43
	桩	22.96	45.73	0	0	0	0	26.17	21.75
	根	7.61	15.16	0	0	0	0	8.91	7.4
	小计	50.21	73.02	0	0	0	0	120.34	91.57
灌木层	枝	3.48	61.56	61.94	73.93	11.76	68.25	2.31	56.9
	叶	1.77	31.38	6.92	8.26	2.23	12.92	1.04	25.61
	根	0.4	7.06	14.92	17.81	3.24	18.83	0.71	17.49
	小计	5.65	8.22	83.78	93.71	17.23	63.39	4.06	3.09
草本层	草	6.41	85.2	0.2	31.75	7.12	83.18	0.47	58.75
	根	1.11	14.8	0.43	68.25	1.44	16.82	0.33	41.25
	小计	7.52	10.94	0.63	0.71	8.56	31.5	0.8	0.61
枯枝落叶		5.38	7.84	4.99	5.58	1.39	5.11	6.22	4.73
总计		68.76	100	89.4	100	27.18	100	131.42	100

表 5 - 29　不同干扰区群落多样性变化[39]

项　目	I	II	III	IV	V
种类	34	39	27	9	46
香农指数	3.82	3.84	3.81	0.82	4.13
均匀度	0.8	0.81	0.86	0.84	0.77
生态优势度	0.18	0.1	0.11	0.05	0.23

　　以西南喀斯特地区为例，系统分析了喀斯特脆弱生态系统及其退化的机理，以干扰程度、群落类型、服务功能、土地退化和贫困状况为指标，创新性地提出了喀斯特脆弱生态系统的复合退化模式（含 4 个阶段）（见图 5 - 27[41]），运用现代生态恢复学原理、方法和现代管理学创新理论，建立了喀斯特脆弱生态系统复合退化的控制模型。以此为基础，在喀斯特石山区、半石山区和土山丘陵区 3 个

区域环境尺度范围内，针对性地建立了生态保护型、外向经济型和双三重螺旋 3 种生态恢复与重建模式，以促进喀斯特区域生态、经济、社会的全面协调与可持续发展[41]。

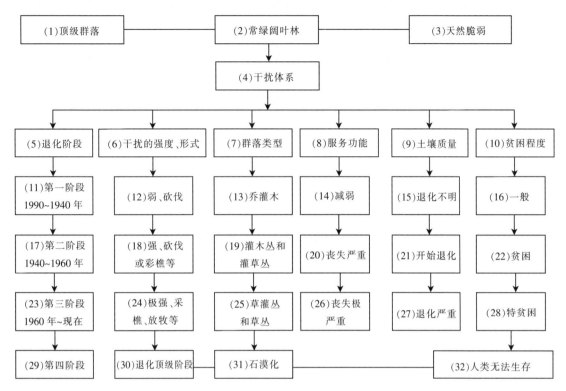

图 5-27 喀斯特脆弱生态系统复合退化模式[41]

针对喀斯特生态恢复、重建的人工草地模式，开展了"刈割对牧草生物量和品质影响"的研究，发现：刈割是一种常见的草地利用和管理方式，它可以通过两方面途径来影响牧草产量及品质。首先，刈割可以利用植物的补偿性生长，促进牧草生长并提高牧草产量；其次，刈割可以利用植物均衡性生长特性，改变牧草营养物质的沉积和分配方向，进而影响牧草品质。全面分析刈割频次、刈割时间和刈割方式对牧草产量及品质影响和相应作用机理，为适当利用刈割提高牧草产量及品质提供参考[42]。

5.2.2.2 喀斯特植被演替的土壤生物效应

在调查研究桂西北喀斯特峰丛洼地自然演替与人工干扰植被群落样地植被生态学的基础上，选取典型植被群落类型，对喀斯特植被恢复过程中土壤环境的种子库、微生物、营养物质循环等生态过程进行了研究。

在喀斯特峰丛洼地选取刈割、开垦和火烧 3 种不同人为干扰方式下的草丛群落，分析 10m×10m 样方内的 0～2cm、2～5cm、5～10cm、10～15cm 土层深度土壤种子库特征。结果表明：①3 种不同干扰方式草丛群落土壤种子库密度存在显著差异，其种子密度大小为：刈割群落>开垦群落>火烧群落（见图 5-28[43]）；②刈割、开垦、火烧干扰草丛种子主要分布在 0～2cm（67%）、2～5cm（55%）、5～10cm（37%）的土层中；③刈割群落土壤种子库中乔、灌、草生活型的物种比例大于开垦和火烧干扰群落（见表 5-30[43]）；④3 种不同干扰方式草丛群落土壤种子库的丰富度指数、Shannon-Wiener 指数和 Simpson 指数的大小顺序均为：刈割群落>开垦群落>火烧群落，同群落物种数变化趋势一致，与生态优势度呈相反趋势；均匀度指数大小顺序为：刈割群落>火烧群落>开垦群落（见表 5-31[43]）。⑤从土壤种子库与地面植被物种组成相似性系数来看，刈割群落和开垦群落相似性系数较大，而火烧群落地上与地下物种组成有较大区别，相似性系数为 0.296（见表 5-32[43]）。刈割干扰相对开垦和火烧更有利于喀斯特地区草丛群落土壤种子库的维持与保护[43]。

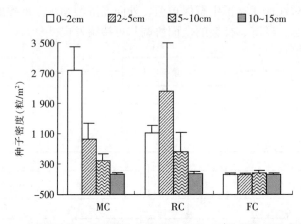

图 5-28　不同干扰方式下草丛土壤种子密度（平均值）的垂直分布[43]

**表 5-30　不同干扰方式下草丛土壤种子库（个体数占总数的
百分比）和地上植被（重要值）的物种组成[43]**

科	物　种	生活型	MC		RC		FC	
			A. V.	S. B.	A. V.	S. B.	A. V.	S. B.
百合科	西南菝葜	SH					22.8	
败酱科	白花败酱	pH			4.8	5.5		
报春花科	广西过路黄	pH			39.9	4.2		
唇型花科	韩信草	pH			4.2			
酢酱草科	酢酱草	pH		1.1		19.2		25
大戟科	红背山麻杆	SH		2.8			6.36	6.3
	白饭树	SH					1.8	
豆科	鸡眼草	AH	12.6	6.8	3.3	1.8		
	老虎刺	SH					16.5	
	藤黄檀	LI					9.0	
	香花崖豆藤	SH					5.7	
防已科	防已	LI		0.5				
禾本科	白茅	pH	85.5	4.3			73.7	
	荩草	AH	13.2	5.6		0.2	14.1	12.4
	水蔗草	pH		2.7	156.9	1.1		
	蔓生莠竹	pH			4.8	0.2	18.6	
	类芦	pH			15.6		45.0	
堇菜科	紫花地丁	pH		7.0				
锦葵科	黄葵	AH					5.4	6.3
景天科	景天	pH	15.6	2.9	4.8			
菊科	飞蓬	AH	29.1	4.9	12.9	8.0		
	白花草	pH	13.5	4.5				
	天名精	pH			4.8	7.2		
	千里光	pH				6.3		
	稻搓菜	AH		3.5		7.2		
	鼠麴草	AH		0.8		4.5		
	艾蒿	pH					2.7	43.7

（续）

科	物　　　种	生活型	MC		RC		FC	
			A. V.	S. B.	A. V.	S. B.	A. V.	S. B.
	绒线草	AH	4.8	6.2				
藜科	藜	AH	15.6	7.1	3.3	0.2		
楝科	灰毛浆果楝	SH					7.2	
马鞭草科	紫珠	SH					12.9	
葡萄科	毛葡萄	LI					2.7	
	崖爬藤	LI					4.5	
茜草科	鸡矢藤	LI					9.0	
	金钱草	AH		8.9				
	广西拉拉藤	AH	34.5	8.9				
漆树科	盐肤木	pH					13.5	
蔷薇科	空心泡	SH		1.4				
	梨叶悬钩子	SH		1.4				
桑科	地瓜榕	AR	64.8	1.4				
莎草科	砖子苗	pH	15.6	8.7				
	浆果苔草	pH		12.5				
伞形科	变豆菜	pH			33.6	0.2		
石竹科	繁缕	AH			6.3	3.0		
薯蓣科	薯蓣	LI					1.8	
五加科	虎刺楤木	SH					11.4	
玄参科	通泉草	AH		6.1		3.5		
	婆婆纳	AH				27.1		
荨麻科	紫麻	SH		1.4				
其他					2.3		0.7	
物种数	49		10	22	14	17	21	6

AH：一年生草本 Annual herbs；pH：多年生草本 Perennial herbs；LI：藤本 liane；SH：灌木 shrubs；AR：乔木 arbor；S. B.：种子库 Seed bank；A. V.：地上植被 Above ground vegetation。

表 5 - 31　不同干扰方式下草丛土壤种子库物种多样性比较[43]

干扰类型群落	生态优势度	丰富度指数	指数	指数	均匀性指数
MC	0.058 1	4.301 1	2.993 7	0.939 6	0.908 3
RC	0.138 1	2.835 0	2.290 2	0.859 8	0.792 3
FC	0.233 3	1.803 4	1.488 0	0.718 8	0.830 5

表 5 - 32　不同干扰方式下草丛土壤种子库与地上植被在种类组成上的相似性系数[43]

干扰类型群落	土壤种子库	地面植被	共有种	相似性系数
MC	22	10	10	0.625
RC	17	14	11	0.710
FC	6	21	4	0.296

对桂西北喀斯特人为干扰区自然恢复 22 年后植被的演替下的土壤养分变化特征研究，结果表明，随着群落由草丛（Ⅰ）→草灌丛（Ⅱ）→灌丛（Ⅲ）→藤刺灌丛（Ⅳ）→乔灌丛（Ⅴ）→顶级群落（Ⅵ）的顺向演替和发展，群落的高度、生物量和物种多样性、土壤有机质、养分、阳离子交换量和硅、铁、铝、钛等矿质全量逐步增加，钙、镁全量显著减少，pH 降低，土壤质量随着植被的恢复呈波折性提高（见表 5 - 33、表 5 - 34[44]）；但藤刺灌丛的情况特殊，其土壤养分变化与草丛阶段极为相似，虽然群落结构与物种多样性恢复良好，但土壤质量却发生了退化现象，其机制有待进一步研究[44]。

表 5 - 33 恢复过程中不同演替阶段的土壤养分状况及 Ducan's 多重比较分析[44]

演替阶段	pH	有机质/(g/kg)	全氮/(g/kg)	全磷/(g/kg)	全钾/(g/kg)	碱解氮/(mg/kg)	速效钾/(mg/kg)	速效磷/(mg/kg)	阳离子交换量/(mmol/kg)
Ⅰ	7.83	57.47Dd	1.94Ee	0.89Dd	0.79Dd	223.03Ee	27.18Cd	3.31Cb	161.13De
Ⅱ	7.73	77.83Bb	3.04Cc	1.17Cc	4.05Bb	254.47Dd	83.43Bbc	43.91BCb	335.45Bc
Ⅲ	7.28	76.04BCb	2.76CDcd	1.13Cc	4.70Aa	267.05Dd	91.89Bb	3.75Cb	365.67ABb
Ⅳ	7.77	66.36CDc	2.55Dd	1.57Bb	1.74Cc	233.77Cc	81.48Bc	7.23ABa	252.57Cd
Ⅴ	6.75	78.11Bb	4.01Bb	1.19Cc	4.12Bb	392.76Bb	84.75Bbc	3.42Cb	379.09Aab
Ⅵ	6.70	98.12Aa	4.83Aa	1.86Aa	4.90Aa	432.45Aa	118.72Aa	8.31Aa	403.20Aa

表 5 - 34 恢复过程中不同演替阶段土壤矿质全量及 Ducan's 多重比较分析[44]

演替阶段	CaO	MgO	SiO$_2$	Fe$_2$O$_3$	Al$_2$O$_3$	TiO$_2$
Ⅰ	20.20Aa	17.02Aa	10.34Ff	0.85Ff	1.65Ef	2.24Ff
Ⅱ	4.23Cc	3.92Cc	45.69Bb	5.11Dd	6.92Dd	9.93Dd
Ⅲ	1.54Dd	2.09DEde	50.29Aa	5.63Cc	8.57Cc	11.32Cc
Ⅳ	17.23Bb	14.45Bb	15.08Ee	1.99Ee	6.19De	3.72Ee
Ⅴ	1.21de	2.654Dd	42.35Dd	6.61Bb	22.80Bb	13.33Bb
Ⅵ	1.02De	1.88Ee	44.46Cc	8.53Aa	25.47Aa	16.89Aa

以桂西北喀斯特次生林为研究对象，选择了自然恢复方式下处于同一演替序列的灌丛、藤刺灌丛、乔灌丛 3 个群落类型，应用网筐收集法研究了各群落的凋落物量、组成特征、季节动态变化及其氮、磷、钾含量。结果表明，3 个次生林群落年均凋落物量范围为 6 053.93kg/hm^2（灌丛）～6 794.40kg/hm^2（藤刺灌丛），凋落物以叶占明显优势，其年变化以单峰形式出现，峰值处在 9 月份（见图 5 - 29[45]）；凋落物中主要养分元素的含量为氮＞磷＞钾，而森林养分利用效率表现为磷＞钾＞氮，灌丛、藤刺灌丛、乔灌丛的养分元素年归还总量分别为：95.41kg/hm^2（N）、106.09kg/hm^2（N）、80.62kg/hm^2（N），6.58kg/hm^2（P）、6.64kg/hm^2（P）、5.06kg/hm^2（P），18.63kg/hm^2、19.66kg/hm^2、14.90kg/hm^2（K）（见图 5 - 30[45]）；群落地表凋落物层的凋落物现存量范围为 2 835.23kg/hm^2（藤刺灌丛）～3 349.16kg/hm^2（乔灌丛），凋落物的分解速率为 1.82（灌丛）～2.37（藤刺灌丛），随着凋落物的分解养分元素的回归速度表现出钾＞氮＞磷；同其他森林生态系统相比较，喀斯特次生林群落的凋落物量、养分归还量较大，养分回归较迅速，具有良好的自养能力和恢复潜力（见表 5 - 35[45]）。

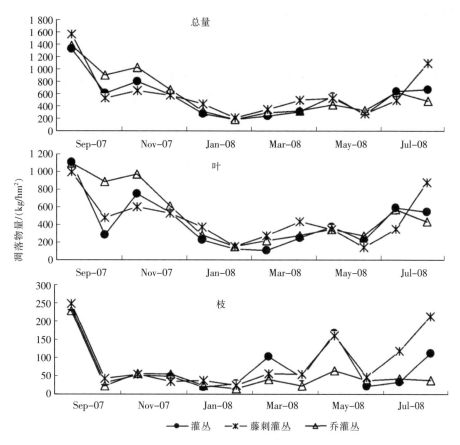

图 5-29　喀斯特次生林凋落物各组分月动态[45]

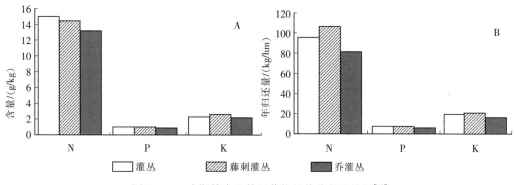

图 5-30　喀斯特次生林调落物的养分归还特征[45]

表 5-35　地表残留凋落物与养分特征及其分解率、周转期[45]

	灌　丛			藤刺灌丛			乔灌丛		
	贮量/（kg/hm²）	R	T	贮量/（kg/hm²）	R	T	贮量/（kg/hm²）	R	T
凋落物	3 327.47±75.78	1.82	0.55	2 835.23±168.53	2.37	0.42	3 349.16±280.89	1.96	0.51
N	31.27±1.95	3.05	0.33	39.35±1.77	2.70	0.37	53.20±5.19	1.52	0.66
P	3.94±0.11	1.67	0.60	2.89±0.13	2.30	0.44	3.08±0.23	1.64	0.61
K	5.70±0.19	3.27	0.31	3.78±0.19	5.21	0.19	4.48±0.32	3.33	0.30

注：平均值±标准差（$N=3$ or 5）；R 表示分解率，T 表示周转期。

利用分子生物学技术（PCR-DGGE）和 BIOLOG 技术研究了喀斯特植被恢复过程中的土壤微生物组成和功能变化[46,47]。结果表明，喀斯特生态系统不同恢复阶段土壤微生物组成多样性变化不明显，但细菌代谢功能多样性随植物物种多样性的增加而增加（见图 5-31[46]），表明即使在生态系统恢复初期土壤微生物遗传特性仍具有较好的基础，对森林群落适度干扰并不降低土壤微生物功能；灌丛阶段土壤细菌代谢功能具有过渡特征，表明灌丛土壤是一个过渡的生境，其对土壤质量的恢复具有重要意义（见图 5-32[46]）；土壤细菌与真菌遗传多样性显著正相关（见图 5-33[46]）；植被和季节对土壤细菌和真菌的遗传多样性具有显著作用，而植被对细菌代谢功能具有显著（p<0.001）的影响，表明植被是影响土壤细菌代谢功能的关键因子（见表 5-36[46]）。

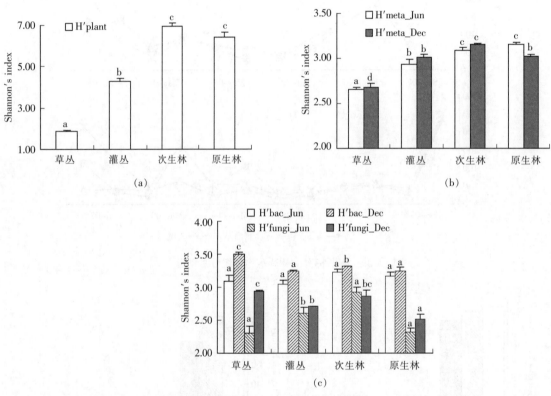

图 5-31　不同演替阶段植物（a）、土壤细菌功能 Shannon 多样性（b）和
土壤细菌真菌分类季节多样性（c）比较[46]

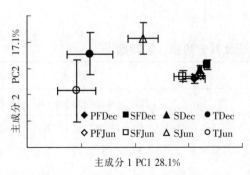

图 5-32　植被演替 4 个阶段土壤细菌群落
利用碳源模式的主成分分析[46]

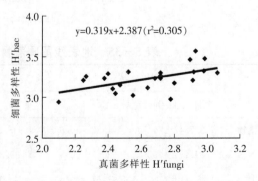

图 5-33　真菌与细菌多样性相关关系[46]

表 5-36 植被类型、季节采样、细菌和真菌交互作用及细菌代谢多样性的双因素方差分析[46]

主效应	H′bac			H′fungi			H′meta		
	df	F	P	df	F	P	df	F	P
植被	3	3.75	*	3	15.13	***	3	90.1	***
季节	1	29.0	***	1	19.5	***	1	0.176	NS
交互应应	3	4.92	*	3	8.57	**	3	5.36	*
残差	16			16			16		
总和	23			23			23		

5.3 喀斯特峰丛洼地生态重建的优化模式与可持续管理

桂西北喀斯特人为土地利用方式是造成喀斯特生态系统退化的根本驱动力，针对桂西北喀斯特山区森林火灾频繁、火灾迹地面积大、森林生态系统退化严重的现象，选择该地区火烧迹地 5 种主要造林林种及造林方式和自然抛荒恢复模式，分析和评价了各种模式的生态系统结构和效益。结果表明，随着经营年限的增加，6 种经营模式土壤肥力、生物生产力都明显提高（见表 5-37、表 5-38[48]）；水土保持最好的是自然抛荒，其次是人工竹林和人工油茶林，较差的是人工马尾松林和人工桉树林（见表 5-39[48]）；投资效益除自然抛荒模式外，最高的是人工油茶林和人工木荷林，其次为人工桉树林和人工马尾松林，较差的是人工竹林[48]（见表 5-40[48]）。不同干扰方式对植被自然恢复的影响不同，其中整坡火烧＋垦殖的破坏性最大，极易形成石漠化景观，整坡火烧＋放牧次之，采樵属选择性干扰，采樵＋放牧＋坡脚火烧的恢复相对较快，没有放牧干扰的采樵＋坡脚火烧恢复更好[13]。在对不同演替阶段、石漠化程度植被生态系统监测以及揭示植被生态适应性与植物多样性的时空格局的基础上，提出发展草食畜牧业、构建农牧复合生态系统的替代型喀斯特区域生态重建发展模式[13]。

表 5-37 不同经营模式土壤理化性质的比较[48]

利用模式	年	土层厚度 (cm)	含水量 (%)	平均 (%)	年平均增加 (%)	pH	平均 (%)	年平均增加 (%)	有机质 (%)	平均 (%)	年平均增加 (%)	全氮 (%)	平均 (%)	年平均增加 (%)	全磷 (%)	平均 (%)	年平均增加 (%)	全钾 (%)	平均 (%)	年平均增加 (%)
自然抛荒	1996	0~10	16.73	22.89	3.63	4.23	4.26	0.20	1.901	2.083	3.55	0.057	0.104	27.78	0.011 2	0.016 3	14.73	0.27	0.46	24.69
		10~20	23.56																	
	1998	0~10	21.41			4.26			2.023			0.092			0.014 3			0.36		
		10~20	24.52																	
	2000	0~10	22.18			4.25			2.102			0.114			0.018 4			0.52		
		10~20	25.67																	
	2002	0~10	22.76			4.28			2.306			0.152			0.021 1			0.67		
		10~20	26.31																	
人工马尾松林	1996	0~10	16.84	23.14	3.81	4.30	4.30	0.12	1.898	2.114	4.09	0.059	0.135	33.62	0.011 0	0.016 5	20.00	0.28	0.66	40.48
		10~20	23.81																	
	1998	0~10	21.66			4.30			2.065			0.096			0.010 8			0.51		
		10~20	24.89																	
	2000	0~10	22.22			4.32			2.127			0.114			0.019 8			0.89		
		10~20	25.74																	
	2002	0~10	23.27			4.33			2.364			0.178			0.024 2			0.96		
		10~20	26.68																	

（续）

利用模式	年	土层厚度(cm)	含水量(%)	平均(%)	年平均增加(%)	pH	平均(%)	年平均增加(%)	有机质(%)	平均(%)	年平均增加(%)	全氮(%)	平均(%)	年平均增加(%)	全磷(%)	平均(%)	年平均增加(%)	全钾(%)	平均(%)	年平均增加(%)
人工按树林	1996	0~10	16.62	21.57	3.86	4.24	4.07	−1.06	2.001	2.012	−0.66	0.062	0.098	11.80	0.011 4	0.010 7	−2.34	0.30	0.49	17.78
		10~20	20.98																	
	1998	0~10	20.92			4.06			2.108			0.092			0.011 6			0.48		
		10~20	22.64																	
	2000	0~10	23.78			4.01	2.011			0.112			0.010 1			0.57				
		10~20	23.34																	
	2002	0~10	22.03			3.97			1.927			0.106			0.009 8			0.62		
		10~20	24.28																	
人工竹林	1996	0~10	16.84	23.46	3.57	4.05	4.21	0.95	1.963	2.154	3.56	0.056	0.128	43.64	0.011 2	0.016 8	16.92	0.29	0.67	39.55
		10~20	24.15																	
	1998	0~10	22.06			4.24			2.078			0.092			0.014 9			0.74		
		10~20	25.82																	
	2000	0~10	22.74			4.27			2.192			0.161			0.018 6			0.74		
		10~20	26.26																	
	2002	0~10	22.98			4.28			2.384			0.203			0.022 6			0.98		
		10~20	26.78																	
人工木荷林	1996	0~10	17.04	23.30	2.89	4.12	4.22	0.73	1.992	2.166	2.50	0.059	0.126	36.63	0.011 3	0.016 9	15.89	0.28	0.65	40.38
		10~20	24.42																	
	1998	0~10	22.52			4.21			2.178			0.097			0.015 6			0.63		
		10~20	25.03																	
	2000	0~10	22.82			4.26			2.201			0.157			0.018 7			0.74		
		10~20	25.90																	
	2002	0~10	22.24			4.30			2.291			0.189			0.022			0.96		
		10~20	26.42																	
人工油茶林	1996	0~10	17.20	23.29	3.55	3.98	4.17	1.38	1.906	2.105	2.73	0.060	0.113	34.91	0.010 9	0.016 3	16.48	0.27	0.66	44.33
		10~20	23.74																	
	1998	0~10	22.82			4.10			2.102			0.099			0.013 5			0.60		
		10~20	24.26																	
	2000	0~10	22.98			4.27			2.194			0.108			0.019 1			0.76		
		10~20	25.62																	
	2002	0~10	23.30			4.31			2.218			0.186			0.021 7			0.99		
		10~20	26.37																	

表 5-38 不同经营模式生物结构及生物量与生产力变化[48]

利用模式 (kg/hm²)	年	生物结构特征	生物量 (kg/hm²)	年平均 (kg/hm²)	年平均增加 (%)	年生产力 (kg/hm²)	平均	年平均增加 (%)
自然抛荒	1996	荒地	6 817	12 947	28.73	6 817	3 095	−6.30
	1998	以蕨类、芦苇、杂草为主	12 075			5 258		
	2000	以蕨类、芦苇、杂草为主、少量灌木	14 328			2 253		
	2002	蕨类、芦苇、杂草、灌木、少量乔木	18 568			4 240		

（续）

利用模式 （kg/hm²）	年	生物结构特征	生物量 （kg/hm²）	年平均 （kg/hm²）	年平均增加 （%）	年生产力 （kg/hm²）	平均	年平均增加 （%）
人工马尾松	1996	马尾松	9 372	58 651	197.00	9 372	20 025	32.30
	1998	马尾松、蕨类、芦苇、杂草	12 465			3 093		
	2000	马尾松、蕨类、芦苇、杂草、少量灌木	92 617			80 152		
	2002	马尾松、蕨类、芦苇、杂草、灌木、少量乔木	120 151			27 534		
人工桉树林	1996	桉树	9 873	70 799	181.98	9 873	19 612	24.57
	1998	桉树、蕨类、芦苇、杂草	67 406			57 533		
	2000	桉树、蕨类、芦苇、杂草	88 245			20 839		
	2002	桉树、蕨类、芦苇、杂草、少量灌木	117 673			24 428		
人工竹林	1996	竹	14 059	37 640	69.00	10 059	12 044	36.49
	1998	竹、蕨类、芦苇、杂草	24 059			14 000		
	2000	竹、蕨类、芦苇、杂草、少量灌木	40 178			16 119		
	2002	竹、蕨类、芦苇、杂草、灌木、少量乔木	72 263			32 085		
人工木荷林	1996	木荷	8 982	87 282	257.69	8 982	24 643	54.92
	1998	木荷、蕨类、芦苇、杂草	83 006			74 024		
	2000	木荷、蕨类、芦苇、杂草、少量灌木	109 280			26 274		
	2002	木荷、蕨类、芦苇、杂草、灌木、少量乔木	147 858			38 578		
人工油茶林	1996	油菜	10 001	87 791	201.62	10 001	21 831	5.94
	1998	油菜、蕨类、芦苇、杂草	92 758			82 757		
	2000	油菜、蕨类、芦苇、杂草、少量灌木	117 420			24 662		
	2002	油菜、蕨类、芦苇、杂草、灌木、少量乔木	130 984			13 564		

表 5-39　不同处理模式对水土流失的影响[48]

利用模式	年	侵蚀量 （t/km）	平均 （t/m²）	地表径流量 （m³/hm²）	平均 （m³/hm²）
自然抛荒	1996	321.5	236.1	207.8	139.4
	1998	248.2		183.4	
	2000	201.9		105.6	
	2002	172.7		60.7	
人工马尾松林	1996	367.8	297.4	224.6	154.5
	1998	321.2		193.5	
	2000	280.5		142.0	
	2002	220.1		57.8	
人工桉树林	1996	378.4	330.1	236.2	183.0
	1998	356.2		290.0	
	2000	301.1		183.6	
	2002	284.6		102.1	
人工竹林	1996	352.3	244.9	240.3	159.3
	1998	301.2		200.6	
	2000	204.3		156.1	
	2002	121.8		40.3	

（续）

利用模式	年	侵蚀量 （t/km）	平均 （t/m²）	地表径流量 （m³/hm²）	平均 （m³/hm²）
人工木荷林	1996	362.3	276.2	236.3	166.8
	1998	318.9		201.8	
	2000	237.4		168.9	
	2002	186.3		60.3	
人工油茶林	1996	348.9	258.8	238.2	168.6
	1998	299.2		207.6	
	2000	208.7		170.4	
	2002	178.4		58.3	

表 5－40　不同经营模式对经济效益分析[48]

利用模式	产值 （元/hm²）	成本 （元/hm²）	纯收入 （元/hm²）	投资效益成本 （产值/成本）
自然抛荒	1 856.80		1 856.80	
人工马尾松林	24 030.20	4 500.00	19 530.20	5.34
人工桉树林	29 418.25	5 400.00	24 018.25	5.45
人工竹林	25 292.05	4 711.00	33 732.08	4.27
人工木荷林	38 443.08	5 925.00	19 367.05	8.16
人工油茶林	39 295.20	4 771.00	34 524.20	8.24

注：藤草 0.01 元/kg；马尾松 0.20 元/kg；桉树 0.25 元/kg；竹 0.35 元/kg；木荷 0.26 元/kg；油茶木 0.30 元/kg。成本包括苗木费，肥料，劳动力等费用。

　　采用参与性农户评估方法（PRA）对喀斯特石山区四个屯（57 户）农户进行了深入调查，研究"环境移民工程"的实施对迁出区生态重建有极其重要的影响。根据研究需要将调查对象分为移民迁出区（古周、干洞）和非移民迁出区（承义、北宿），对比两组农户的现有耕地面积、经济收入以及对移民政策的态度等问题，从经济系统、自然系统、社会系统、以及农户对恢复重建预案的选择等多个角度探讨迁出区的移民效应和可持续性问题。研究结果显示，环境移民实施后经营模式的改变不仅适当缓解了移民后劳动力不足的现象，而且在一定程度上改善了迁出区内未移民家庭的生活水平（见表 5－41[49]）；环境移民缓解了人地关系的矛盾，提高了耕地的利用效率（见表 5－42[49]）、加强了农户环境意识（见图 5－34、图 5－35[49]）、增加了经济收入（见表 5－43[49]）以及抵御自然灾害风险的能力（见表 5－44[49]），有力地保证了退耕还林政策的顺利实施和多种经营的推广。但仍然存在 4 个不容忽视的问题：一是潜在移民人数仍然很高（见表 5－45[49]），这将不利于迁出区人口环境容量的平衡；二是农户种植行为的商业化，忽视了对土地利用的可持续性（见表 5－46、图 5－36[49]）；三是现有的配套措施不够完善，水、路等基础设施亟待解决；四是特色产业和文化受到冲击。在客观探讨环境移民政策影响下的农户行为偏好对迁出区未来生态经济发展的有利因素与不利因素，寻找到农户与政策实施者之间的期望差异，表明在今后的移民工作中，政府需要更多地换位思考，从农户的切身利益出发，加强对移民迁出区环境人口容量、粮食安全、技术培训等问题的关注，本着科学理性与人文关怀的精神，努力实施适合民族文化、符合生态要求、切合农户利益的迁出区发展模式。同时加大绿色农业服务的推广，注重保护和发展迁出区传统文化。使移民迁出区尽快形成资源节约与环境友好的产业结构和增长方式，为恢复区域生态环境和构建地区生态文明做出贡献[49]。

表 5-41 调查对象基本特征[49]

特征	分组	古周 干洞		承义 北宿		总计	
		频数	%	频数	%	频数	%
性别	男	22	73.3	20	76.9	42	75.0
	女	8	26.7	6	23.1	14	25.0
年龄	<30	7	23.3	7	26.9	14	25.0
	30~50	19	63.3	16	61.5	35	62.5
	>50	4	13.4	3	11.6	7	12.5
文化程度	≤小学	20	66.7	15	57.7	35	62.5
	初中	8	26.7	10	38.5	18	32.1
	≥高中	2	6.6	1	3.8	3	5.4
劳动力	<2	10	33.3	5	19.2	15	26.8
	2	17	56.7	8	30.8	25	44.6
	>2	3	10.0	13	50.0	16	28.6
外出打工	本地	3	10.0	3	11.5	6	10.7
	外地	25	83.3	8	30.8	32	58.9
	无	5	16.7	15	57.7	20	35.7
新置家产	享受型*	15	50.0	7	26.9	22	39.2
	生产型*	5	16.7	5	19.2	10	17.8
	无	10	33.3	14	53.8	24	43.0

注：享受型家产包括电视机、摩托车、移动电话等；生产型家产包括碾米机、割草机等。

表 5-42 环境移民前后农户耕地、退耕地变化及其补偿状况[49]

指标	古周 干洞		承义 北宿		总计	
	1996	2006	1996	2006	1996	2006
移民后人均新增耕地（hm²）	0	0.043	0	0	0	0.022
人均耕地（hm²）	0.091	0.041	0.087	0.095	0.089	0.068
人均退耕（hm²）	0	0.059	0	0	0	0.030
人均年新垦（hm²）	0.001 1	0	0.001 5	0.001 5	0.001 3	0.000 8
人均日薪材消耗（kg）	12.5	3.4	11.5	9.6	12.0	6.5
人均粮食补贴（kg）	0	150.75	0	0	0	86.70
人均现金补贴（元）	0	20.10	0	0	0	11.56

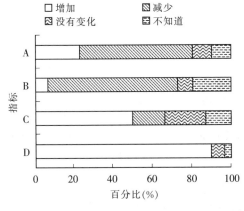

图 5-34 古周、干洞屯农户对生态环境变化的认知[49]

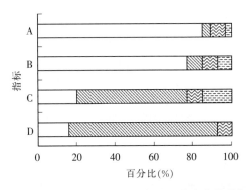

图 5-35 承义、北宿屯农户对生态环境变化的认知[49]

表 5-43　环境移民 10a 后农户经济收入增长情况（1996—2006 年）[49]

指标	古周　干洞	承义　北宿
农业收入增长率	125.6%	74.5%
人均农业收入增长率	218.8%	99.4%
总收入增长率	599.7%	269.6%
人均总收入增长率	578.1%	261.9%

表 5-44　农户对改善现状途径的看法[49]

看法	古周　干洞		看法	古周　干洞	
	频数	%		频数	%
修路	12	40.0	打工	10	38.5
技术培训	8	26.7	不知道如何改善	9	34.6
畜牧养殖	6	20.0	学技术	4	15.4
政府资助	4	13.0	靠下一代	3	11.5

表 5-45　农户对环境移民政策的态度[49]

态度	古周　干洞		承义　北宿		总计	
	频数	%	频数	%	频数	%
支持，愿意移民	17	56.7	20	76.9	37	66.1
支持，不愿意移民	12	40.0	3	11.5	15	26.8
不支持，反对移民	1	3.3	2	7.7	3	5.3
中立	0	0	1	3.9	1	1.8

表 5-46　移民迁出区生态重建的预案设计[49]

说明	预案 A	预案 B	预案 C	预案 D
调整方案	维持现有玉米地面积的同时，扩大粮食作物面积至60%左右，选育优质玉米品种，由原来1年1季玉米＋黄豆＋红薯的传统种植模式改为1年2季（早玉米＋黄豆＋绿肥）和（晚玉米＋红薯＋油葵）外加马铃薯、大豆、花生、花椒等，加大养猪规模，形成粮猪型经济模式	追求成本最小化和收益最大化原则，减少粮食作物面积，采取多变不固定方式种植一年生经济作物（超过60%），如桑叶，中药材，养殖业可选择放养模式（黑山羊、乌鸡、香猪均可等），不考虑当地适应性和生态环境，随市场价格随时改变种养的模式	减少玉米地面积和牧草地面积，将林果业面积增加至60%，增加柑橘、竹子、中草药、黄皮果，选择用于造林的先锋树种：任豆、香椿、青冈、化香、南酸枣、银合欢等，以发展优质果业和中草药（如金银花）为主的支柱产业的同时注重建设生态林的模式	减少玉米地和林果业面积，扩大牧草种植面积至60%左右，另外增加当地竹子（竹编加工）、黄豆（初加工豆腐）等特产种植面积，加大当地特色养殖（环江菜牛）规模，提高相配套的繁育和青贮技术，与加工厂签定养殖合同，并逐步形成以养殖业为主的特色产业模式
潜在目标	粮食安全	经济优先	生态保护	特色产业
经济回报	一般，比较稳定	较高，但不稳定	较高，但资金回收周期长	较高，但有风险

（续）

说明	预案 A	预案 B	预案 C	预案 D
生态后果	生态效益不高，受气候条件制约强，常常受到风灾和水灾的影响，水土保持能力较差。景观异质性低	土地的负荷压力大，土壤质量下降，同时放养方式也容易破坏地表植被（如羊吃草根等），稳定性较差	生态林的生态价值高，加速了植被恢复的进程，对于改善迁出区生态环境和水土保持的作用明显	牧草的水保效果较好，但养分耗损较大，大面积种植其生态稳定性欠佳。竹林可以增加植被覆盖，有利于水源涵养
现实困难	玉米价格偏低，收入不高，猪容易生病	由于种植多样，且缺乏技术指导，完全受市场影响。缺乏规模效应，没有特色	林果业技术含量较高，需要专业培训，前期投入资金大收益较低，生态效益短期不明显，植被引种的种类和数量难以确定	资金投入大，需要政府支持，农户松散养殖难以形成规模，缺乏规范化养殖技术，品种的选育和青贮技术不够

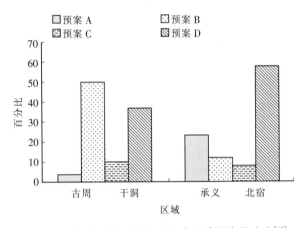

图 5-36　农户对移民迁出区生态重建预案的响应[49]

　　以桂西北喀斯特分布极为典型的河池地区为例，运用生态足迹方法对区域可持续发展状态进行定量分析，应用 GM（1，1）模型对区域人均生态足迹和人均生态承载力进行趋势预测。结果表明：该区 1985—2006 年人均生态足迹持续上升（见表 5-47[50]），增加近 2 倍，而人均生态承载力逐步下降，降幅达 12.6%（见表 5-48[50]），由生态盈余转变为生态赤字，呈不可持续发展状态；1990—2001 年人均生态足迹变化幅度最大，达 120.76%，但 2001 年后趋于缓和；对生态足迹构成的分析表明，耕地和草地消耗最大，草地足迹正向变化最为剧烈，所占生态足迹构成比例由 12.88% 增至 30.12%（见图 5-37[50]），草地的生态足迹逐步扩大的原因是当地畜牧业的发展造成草地的过度消耗，致使生态赤字增大，可持续发展能力降低；对河池市人均生态足迹和人均生态承载力的趋势预测结果显示，未来 9 年人均生态足迹仍继续上升，生态赤字将相应进一步扩大（见图 5-38[50]）。提高桂西北河池地区区域经济、生态和社会的持续发展能力，需要在稳定林草地面积的同时，改善粗放经营的状况，调整产业结构，发展合理的经济增长模式[50]。

表 5-47　河池市 1985—2006 年人均生态足迹[50]　　　　　　　　　　　　　　　（hm²）

年份	人均生态足迹	耕地	草地	水域	林地	建设用地	化石燃料用地
1985	0.636 8	0.512 3	0.082 0	0.008 4	0.022 0	0.000 3	0.011 8
1986	0.638 4	0.497 7	0.097 0	0.010 5	0.019 8	0.000 3	0.013 0
1987	0.621 9	0.481 0	0.111 1	0.009 1	0.005 9	0.000 4	0.014 5
1990	0.760 2	0.523 5	0.166 6	0.015 5	0.011 5	0.001 1	0.041 9

（续）

年份	人均生态足迹	耕地	草地	水域	林地	建设用地	化石燃料用地
1995	1.311 3	0.670 4	0.296 0	0.205 7	0.014 9	0.003 0	0.121 4
1999	1.419 2	0.760 5	0.405 8	0.067 4	0.026 8	0.003 9	0.154 9
2000	1.457 6	0.758 2	0.420 2	0.077 9	0.026 3	0.004 2	0.170 7
2001	1.678 2	0.921 4	0.444 1	0.086 0	0.029 4	0.004 8	0.192 4
2002	1.578 7	0.833 6	0.445 1	0.091 2	0.029 9	0.005 1	0.173 9
2003	1.528 8	0.779 1	0.463 0	0.094 1	0.029 6	0.004 2	0.158 8
2004	1.568 9	0.772 5	0.490 7	0.103 7	0.035 3	0.005 0	0.161 9
2005	1.680 1	0.787 3	0.530 7	0.112 4	0.037 9	0.005 4	0.206 5
2006	1.781 8	0.810 3	0.536 6	0.118 4	0.040 0	0.007 3	0.269 3

注：仅包括淡水水域。

表 5-48　河池市 1985—2006 年人均生态承载力[50]　　　　　　　　　　（hm²）

年份	人均生态承载力	耕地	草地	水域	林地	建设用地	CO$_2$ 吸收
1985	1.077 6	0.367 6	0.012 7	0.003 3	0.818 9	0.022 1	0.000 0
1986	1.056 3	0.359 3	0.012 2	0.003 3	0.803 9	0.021 6	0.000 0
1987	1.040 5	0.353 9	0.012 1	0.003 3	0.791 9	0.021 3	0.000 0
1990	0.990 6	0.336 9	0.011 5	0.003 1	0.753 9	0.020 3	0.000 0
1995	0.971 4	0.330 4	0.011 3	0.003 1	0.739 3	0.019 9	0.000 0
1999	0.975 7	0.318 9	0.011 3	0.003 0	0.756 3	0.019 2	0.000 0
2000	0.965 1	0.315 5	0.011 1	0.003 0	0.748 2	0.019 0	0.000 0
2001	0.967 9	0.316 4	0.011 2	0.003 0	0.750 4	0.019 0	0.000 0
2002	0.965 6	0.315 6	0.011 1	0.003 0	0.748 6	0.019 0	0.000 0
2003	0.961 9	0.314 4	0.011 1	0.003 0	0.745 6	0.018 9	0.000 0
2004	0.956 8	0.312 8	0.011 0	0.002 9	0.741 8	0.018 8	0.000 0
2005	0.957 4	0.312 9	0.011 0	0.002 9	0.742 2	0.018 8	0.000 0
2006	0.941 7	0.307 8	0.010 9	0.002 9	0.730 0	0.018 5	0.000 0

注：仅包括淡水水域。

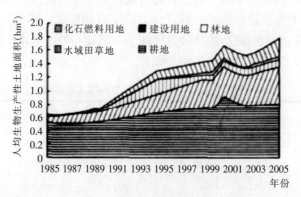

图 5-37　河池市 1985—2006 年生态足迹构成[50]

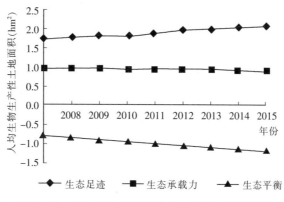

图 5-38　河池市生态足迹需求与供给趋势预测[50]

5.4　喀斯特生态系统监测研究方法

5.4.1　喀斯特生态系统调查采样与生态模式设计方法

在对桂西北喀斯特峰林谷地，土地利用方式对土壤养分分布影响的研究中，探讨了一种在区域尺度上研究生态系统中土壤养分循环的样区采样及调查方法，即在满足土壤养分循环研究所要求的代表性、重现性、随机性及时间性等原则的基础上，利用地形图及航空照片等资料，在区域中选定合适面积和数量的样区后，在各样区内按统一标准采集土壤和植物样品。考虑区域土壤养分循环受自然环境条件和社会经济条件等因素的制约，野外采样过程中有必要对采样单元的实地情况进行调查记载，并就样区内所有农户的基本状况、种植业结构及肥料投入等有关土壤养分循环的影响因子进行农户调查，对我国亚热带农业生态系统中土壤养分循环进行了案例研究，探讨了该采样调查方法在土壤养分循环研究中的应用[51]。

在桂西北喀斯特洼地 90m×40m 地块范围内，用经典统计和地统计分析方法探讨了表层土壤（0～5cm，5～10cm，10～20cm，20～30cm）水分的空间变异结构及其分布格局，结果表明：表层土壤水分总体上具有良好的半方差结构，等值线图呈明显的斑块状分布格局（见图 5-39[52]）。0～5cm层具有中等的空间相关性，其余各层具有强烈的空间相关性，而且变异程度具有明显层次性；除

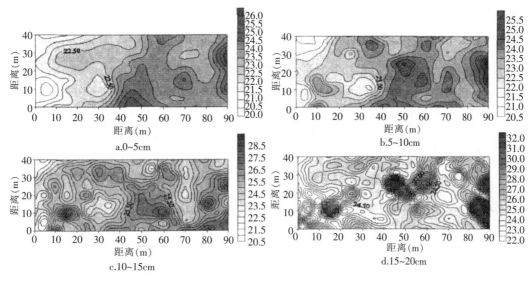

图 5-39　土壤各层含水量的等值线图[52]

20～30cm层土壤水分用球状模型拟合外，其余各层均符合指数模型，且拟合效果较好；结合半方差分析则可以看出：地形、微地貌、降雨和植被等是研究区土壤水分空间变异程度及其分布格局的重要影响因素。在确定合理取样数的过程中，除考虑土壤水分的统计特征外还要考虑其空间结构性，经典统计结合地统计学变程和等值线图等，明确取样形状和布局方式，能够制定出合理高效的取样方案（见表5-49[52]）。

表5-49　在允许误差范围内合理的取样数目[52]

土层深度 (cm)	变异系数 (%)	90％置信度		95％置信度	
		10％	5％	10％	5％
0～5	7.36	2	6	2	9
5～10	5.83	1	4	2	6
10～20	5.81	1	4	2	6
20～30	9.78	3	10	4	14

高度异质性是喀斯特生态环境的重要特征，遥感技术是反映喀斯特生态环境景观空间结构的有效手段，但当下垫面地表覆盖有植被时，区域环境状况的遥感监测受到影响。在探讨植被光谱与喀斯特地区生态环境条件关系的研究中，表明喀斯特植被与非喀斯特植被分别对其地生态环境有较好指示作用（见图5-40、表5-50[53]）。

a、b喀斯特植被；c、d非喀斯特植被

图5-40　喀斯特与非喀斯特区域植被景观特征[53]

表 5 - 50 喀斯特植被与非喀斯特植被叶片生理生态特征的比较[53]

Groups of species	Chlorophyll - a (mg/g)	Chlorophyll - b (mg/g)	Carotenoids (mg/g)	H_2O	SLA (cm^2/g)	EWT (mm)
k - Vegetation	1.24±0.42	0.27±0.13	0.33±0.11	18.63±0.043	80.87±19.85	0.41±0.09
nk - Vegetation	1.07±0.37	0.25±0.12	0.28±0.08	28.59±0.051	64.77±11.21	0.58±0.12

(1) 通过结合可见光（400～680nm）与近红外至短波红外（700～1 350nm）波段，比较喀斯特植被与非喀斯特植被的光谱特征，发现喀斯特与非喀斯特灌丛叶片光谱波形相似，但吸收深度不一样，在可见光（400～680nm）、特别是近红外至短波红外（700～1 350nm）波段范围附近，喀斯特灌丛光谱反射率高于非喀斯特的（见图 5 - 41[53]），这可能主要是因为喀斯特植被叶片结构趋于旱化、角质层较厚，对太阳辐射的反射较高所致。

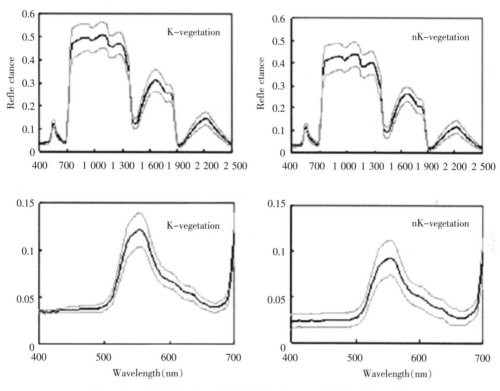

图 5 - 41 喀斯特植被与非喀斯特植被叶片光谱反射值的比较[53]

(2) 对于绝对反射率光谱，在短波红外波段（1 300～2 500nm），喀斯特与非喀斯特植被叶片光谱有显著差异（见图 5 - 42[53]），这主要是因为喀斯特植被叶片的含水量及叶片等效水厚度（EWT）均低于非喀斯特植被，比叶面积指数（SLA）要高于非喀斯特植被，而可见光部分没有显著差异；对于一阶导数光谱，喀斯特与非喀斯特植被在可见光（400～680nm）部分有显著差异（见图 5 - 42[53]），这主要是由二者的光合作用色素含量的差异导致的。因此，基于短波红外波段（1 300～2 500nm）的绝对反射率光谱及可见光（400～680nm）部分的一阶导数光谱，可以遥感监测与区分喀斯特与非喀斯特典型植被。

(3) 植被光谱特性分析显示喀斯特生态地质背景对植被光谱有显著影响，基于高光谱遥感技术及典范对应分析方法量化了植被光谱与喀斯特生态地质背景（坡度、坡向、海拔、土壤水分、有机质、pH 和钙含量）的关系（见表 5 - 51[53]），研究结果显示：土壤水分和钙含量与植被光谱特性有密切关系，CCA 排序能够很好地将喀斯特与非喀斯特植被依据土壤水分及钙含量差异分开，结合景观地物的空间结构属性，通过高光谱遥感监测植被的光谱特性差异来间接反演有植被覆盖的下覆基质性质、从而实现生态地质背景制图是可能的[53]。

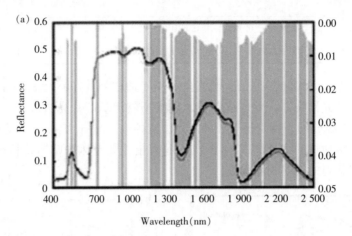

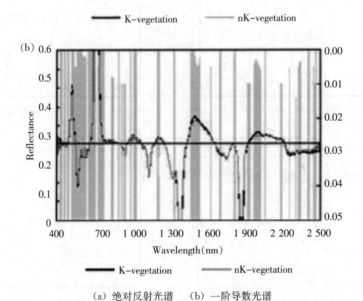

(a) 绝对反射光谱　　(b) 一阶导数光谱

图 5-42　统计检验喀斯特与非喀斯特灌丛叶片光谱的可分性图[53]

表 5-51　喀斯特植被光谱与喀斯特生态地质背景（坡度、坡向、海拔、土壤水分、有机质、pH 和钙含量）**的关系**[53]

	SPX2	ENX1	ENX2	SOC	Moisture	Ca	Slope	Aspect	Altitude	pH
SPX1	0.03	0.93**	0.00	−0.27	0.90**	−0.87**	0.07	0.11	0.20	0.02
SPX2	1.00	0.00	0.63*	0.38*	0.07	−0.05	−0.30	−0.04	0.04	−0.15
ENX1	0.00	1.00	0.00	−0.29	0.92**	0.89**	0.08	0.12	0.21	0.02

注：SPX1：the first spectral axis，SPX2：the secondary spectral axis；ENX1：the first eco-geo-environmental factors axis，ENX2：the secondary geo-eco environmental factors axis

* $p < 0.05$，** $p < 0.01$

　　应用 EO-1Hyperion 星载高光谱图像及改进的基于线性光谱混合模型精确提取了典型喀斯特石漠化地区主要地物类型（绿色植被、干枯植被、裸土/裸岩）的分布信息。首先，利用高光谱仪实地采集得到绿色植被、干枯植被、裸土/裸岩三种地表覆盖类型的光谱数据，三种地表覆盖类型在短波红外区域最能体现出显著的端元光谱特征的差异（见图5-43[54]），这一差异很大程度上决定了光谱解混的效率。利用一种新的光谱变换方法——"集束—光谱"（特征波段范围的每一波段的反射率同时减去起始波段的反射率），用于增强反射光谱特征，此方法能够很好地降低影像端元选取时同一类型端元之间的光谱差异。基于全波段（400~2 500nm）能够比较准确地提取枯枝凋落物信息，而低估了绿色植被信息、高估了裸露下垫面信息，主要是由于下垫面较亮，在短波红外波段光谱信息容易饱和；基于主要地物类型的特征波段SWIR（1 900~2 350nm）的精度也不高，主要是因为处于植被枯萎期，凋落物光谱特征明显，绿色植被信息被低估；而基于经过光谱特征变换的特征波段范围的结果跟地面调查相近，主要是因为"集束—光谱"变换降低了冠层结构变化导致的非线性光子—地物组织相互作用。Hyperion-30m重采样为Hyperion-60m后，提高了图像的信噪比，改进了对凋落物和裸露下垫面信息提取的精度（见图5-44[54]），但对绿色植被信息提取的影响很小，主要是因为绿色植被光谱特征主要由"红边"（670~780nm）特性决定。图像信噪比的提高能够改善干枯植被、裸土、裸岩的精度，但对提取绿色植被信息的改进作用不大。

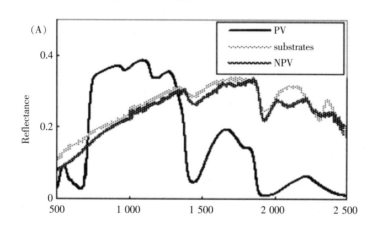

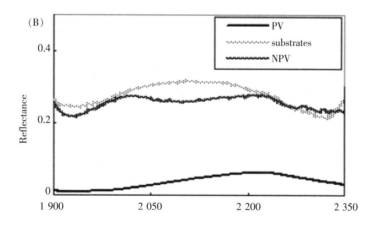

（A）0.5—2.5μm全光谱段；（B）1.9—2.35μm短波红外波段

每张波段图谱分别是100次波段采样的平均结果

图5-43　绿色植被、干枯植被、裸土/裸岩在光谱混合

模型中的实地反射光谱特征[54]

在小尺度区域适应性景观生态设计的研究中，以喀斯特环境移民迁出区为例，为迁出区设计适应西南喀斯特峰丛洼地特点的土地生态结构与景观优化方案。通过案例分析，在评价典型样区的

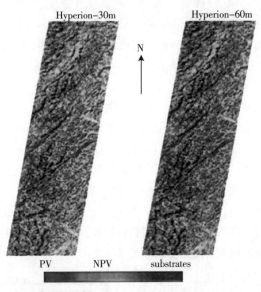

图 5-44 应用光谱混合模型转换的短波近红外光谱特征的 30 m 及 60 m
分辨率的 Hyperion 影像图[54]

生态适宜性与土壤肥力条件的基础上，结合 IKNOS 高分辨率卫星图像、历史航空影像，综合集成景观格局研究、农户参与设计与结构优化分析 3 种设计途径，提出了适应性景观生态设计的初步框架（见图 5-45[55]）。案例分析表明，设计方法具有适应性、参与性和灵活性的特点，符合适应性生态系统管理的需求，为实现小尺度景观安全格局设计提供了依据[55]。

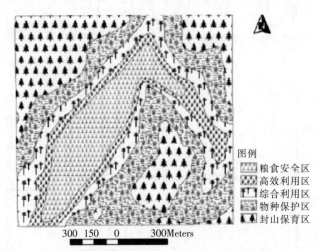

图例
▦ 粮食安全区
▨ 高效利用区
▧ 综合利用区
▥ 物种保护区
🌲 封山保育区

300 150 0 300Meters

图 5-45 喀斯特峰丛洼地适应性景观生态设计优化方案示意[55]

5.4.2 喀斯特生态系统土壤碳、磷的分析方法

在对广西环江县喀斯特低山区石灰岩发育的土壤和湖南沅江平原湖区湖积物形成的土壤的碳酸盐含量对比分析中，通过添加 $CaCO_3$ 内标法及与中和滴定法进行比较，提出了采用 C/N 分析仪测定的土壤总 C 量与重铬酸钾氧化法测定的有机 C 量差值估算土壤碳酸盐含量的方法。结果表明，方法测定的结果精确度高，测定速度较快，适合于大批量样品分析（见表 5-52[56]、表 5-53[56]、图 5-46[56]）；石灰岩发育的土壤碳酸盐含量高于湖积物形成的土壤，土地利用方式对石灰岩发育的土壤碳酸盐含量的影响大于湖积物形成的土壤（见表 5-54[56]）。

表 5－52 中和滴定法测定的外加 CaCO₃ 的回收率（三次重复）[56]

土样号	土壤类型	土样重量 （g）	加入 CaCO₃ 量 （g）	测定的 CaCO₃ 含量* （g/kg）	CaCO₃ 理论含量 （g/kg）	回收率* （%）
D001	稻田土	3.00	0.50	139±1.9	143	97.8±1.32
		3.00	1.00	244±4.5	250	97.5±1.80
		3.00	1.50	314±5.1	333	94.3±1.53
		3.00	2.00	365±4.5	400	91.2±1.13
D361	林地土	3.00	0.50	141±2.8	143	98.5±1.41
		3.00	1.00	242±7.1	250	96.7±2.12
		3.00	1.50	317±2.0	333	95.2±0.47
		3.00	2.00	369±0.9	400	92.2±0.18

表 5－53 简介滴定法测定的外加 CaCO₃ 的回收率[56]

土样号	土壤类型	土样重量 （g）	加入 CaCO₃ （g）	测定的 CaCO₃ 含量 （g/kg）	CaCO₃ 理论含量 （g/kg）	回收率 （%）
D001	稻田土	0.2146	0.0301	122±2.5	123	99.1±1.13
		0.2157	0.0601	217±0.0	218	99.4±0.98
		0.2160	0.1205	354±2.4	358	98.9±0.20
		0.2163	0.1804	452±4.2	455	99.3±0.52
		0.2157	0.2403	527±1.1	527	100.0±0.07
		0.2159	0.3003	577±5.5	582	99.2±1.18
D361	林地土	0.2296	0.0298	113±5.4	115	98.5±0.73
		0.2375	0.0601	204±10.2	200	100.9±0.86
		0.2091	0.1202	370±10.8	365	101.3±0.47
		0.2080	0.1800	474±9.7	464	102.1±0.11
		0.2021	0.2401	555±0.6	543	102.2±0.18
		0.1942	0.3000	624±3.2	607	102.7±0.09

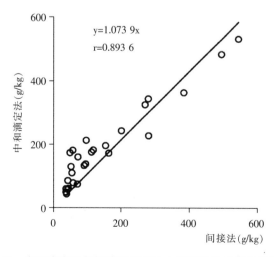

图 5－46 中和滴定法与间接法测定的土壤碳酸盐含量的相关性[56]

表 5 - 54　广西环江和湖南沅江土壤碳酸盐含量状况[56]

土壤来源	土地利用	土样数	含碳酸盐土样数	含碳酸盐土样比例（%）	碳酸盐含量范围（g/kg）	碳酸盐平均含量（g/kg）
广西环江	稻田	341	7	2.1	5.40～96.4	37.1±31.4
	旱地	311	136	43.7	5.00～85.6	15.7±12.8
	林地	88	44	50.0	6.60～666	134±183
湖南沅江	稻田	532	532	100.0	4.40～144	37.7±14.1
	熟化旱地（长期）	76	76	100.0	20.7～111	46.6±16.4
	新垦旱地（3～5年）	23	23	100.0	63.2～80.2	73.3±4.2

　　比较了 Olsen （0.5mol/L NaHCO$_3$）和 Bray - 1 （0.03mol/L NH4 F - 0.025mol/L HCl）提取剂土水比 1：4 和 1：20 （W/V），对包括喀斯特旱地类型土壤在内的我国 5 种类型旱耕地（见表 5 - 55[57]）土壤 （pHKCl 3.3～7.4） 无机磷 （Pi） 和有机磷 （Po） 及外加正磷酸盐态无机磷的提取效应。结果表明，以 Olsen 提取剂土水比 1：20 对土壤 Pi 和 Po 的提取效果最佳，其测定结果是评价土壤磷素供应能力 （有效磷） 和活性有机磷含量较为适宜的指标（见表 5 - 56、表 5 - 57[57]）。测定的土壤大多数 （占 60%） 磷素供应能力较差 （Olsen - Pi 为 4.2～14.0mg/kg），应适当加强其磷素的投入。测定的土壤活性有机磷 （Olsen - Po） 含量为 1.4～37.9mg/kg，占土壤全磷的 0.2%～15.8%，大多数 （75%） 土壤占 1%～6%。采用 Olsen 提取剂时土壤外加 Pi 的固定率随土水比减小而增高，当土水比 1：4 提取时，酸性和强酸性 （pHKCl 3.3～5.5） 土壤对外加 Pi 的固定率达 40%～86%，据此推测实际田间条件下土壤对外加 Pi 的固定率更大（见表 5 - 58[57]）。表明酸性和强酸性旱耕地土壤对外加 Pi 具有强烈的固定作用[57]。

表 5 - 55　土壤来源、类型和利用管理状况与主要性状[57]

地点	土壤类型	作物	施肥	pH	pH (H$_2$O)	有机碳 (g/kg)	全磷 (mg/kg)
广西环江	第四纪红壤	柑橘＋大豆	不施肥	3.3	3.8	14.0	240
湖南盘塘	第四纪红壤	油菜一花生	NPK	3.6	4.5	7.0	400
湖南湘乡	花冈岩红壤	红薯	NPK＋M	4.0	5.3	7.0	260
湖南限市	冲积土	柑橘	农家肥	4.1	5.2	10.0	710
湖南长沙	紫色土	玉米	NP	4.2	5.6	6.0	400
广西环江	冲积土	玉米	NPK	4.6	5.6	4.0	260
湖南限市	冲积土	棉花	NPK＋M	5.0	5.6	9.0	710
湖北武昌	冲积土	玉米	NPK	5.5	7.0	17.0	950
湖北监利	冲积土	芝麻	不施肥	6.8	7.8	10.0	870
湖南长沙	紫色土	花生一蔬菜	NP	7.0	8.1	8.0	840
陕西杨陵	搂土	小麦一玉米	NP	7.0	8.1	8.0	840
河北曲州	潮土	小麦一玉米	NPK	7.4	7.8	11.0	960

表 5 - 56　Olsen 和 Bray - 1 提取剂土水比 1：4 和 1：20 （W/V）
提取的土壤 Pi 量 （P mg/kg)[57]

土壤号	0.5mol/L NaHCO$_3$ （pH8.5）		0.03mol/L NH$_4$F—0.025mol/L HCl	
	1.4	1.20	1.4	1.20
1	2.27±0.15	10.7±0.10	1.38±0.04	15.0±0.53
2	3.67±0.04	13.3±0.40	1.21±0.05	18.6±0.77
3	1.75±0.02	4.23±0.20	2.69±0.02	9.14±0.06

（续）

土壤号	0.5mol/L NaHCO₃（pH8.5）		0.03mol/L NH₄F－0.025mol/L HCl	
	1.4	1.20	1.4	1.20
4	27.7±0.22	56.0±0.40	26.4±0.17	72.4±0.675
5	16.2±0.20	31.6±0.42	36.3±0.08	62.9±1.31
6	2.57±0.04	5.14±0.12	1.35±0.02	10.5±0.48
7	22.6±0.04	41.4±0.42	22.7±0.31	62.4±0.17
8	13.3±0.07	44.6±0.26	0.55±0.01	13.7±0.17
9	8.85±0.16	12.8±0.08	5.48±0.02	31.2±0.78
10	9.24±0.08	14.1±0.30	5.80±2.50	35.2±1.50
11	6.53±0.01	10.6±0.18	1.50±0.07	0.50±0.04
12	32.4±0.19	48.2±1.33	19.1±0.29	9.30±4.45

注：三次重复的平均数和标准差。

表 5－57 Olsen 和 Bray－1 提取剂土水比 1∶4 和
1∶20（W/V）提取的有机磷（PO）量[57]

土壤号	0.5mol/L NaHCO₃		0.03mol/L NH₄F－0.025mol/L HCl		Olsen－Po/ 土壤全磷
	1.4	1.20	1.4	1.20	
1	14.8±0.02	37.9±0.43	1.77±0.03	8.93±0.52	15.8
2	6.26±0.35	19.6±0.33	1.77±0.06	7.90±0.21	4.89
3	4.04±0.15	8.19±0.10	1.27±0.03	5.03±0.06	3.15
4	13.4±0.24	33.4±0.28	0.80±0.40	2.17±0.80	4.70
5	8.66±0.37	23.8±0.17	1.36±0.13	4.03±0.87	5.95
6	3.27±0.13	11.7±0.11	1.36±0.03	6.82±0.16	4.49
7	12.2±0.38	29.0±0.56	2.02±0.11	6.70±0.39	4.08
8	1.89±0.17	5.78±0.64	0.15±0.02	1.27±0.20	0.61
9	8.77±0.06	22.5±0.64	1.37±0.06	5.96±0.46	2.58
10	1.83±0.24	1.41±0.15	0.01±0.30	0.01±1.17	0.17
11	2.36±0.07	8.51±0.04	0.30±0.04	0.50±0.10	1.11
12	2.71±0.13	9.85±0.32	0.60±0.09	0.20±0.77	1.03

注：三次重复的平均数和标准差。

表 5－58 Olsen 和 Bray－1 提取剂土水比 1∶4 和 1∶20（W/V）
提取时土壤对外加 Pi 的固定率（%）[57]

土壤号	0.5mol/L NaHCO₃（pH8.5）		0.03mol/L NH₄F－0.025mol/L HCl	
	1.4	1.20	1.4	1.20
1	85.6±1.6	55.1±2.3	91.3±0.6	52.4±3.0
2	81.6±0.9	46.1±1.8	90.4±0.9	50.2±1.7
3	59.5±0.2	22.3±1.0	47.6±1.4	22.4±1.4
4	46.2±2.8	12.8±2.2	52.4±2.6	51.9±2.8
5	39.4±2.1	7.9±2.2	14.1±4.1	7.7±5.3
6	54.5±0.9	21.8±0.6	71.1±2.4	34.6±3.2

（续）

土壤号	0. 5mol/L NaHCO₃ （pH8. 5）		0. 03mol/L NH₄F－0. 025mol/L HCl	
	1. 4	1. 20	1. 4	1. 20
7	38. 8±0. 5	10. 9±2. 5	33. 0±5. 7	37. 6±2. 6
8	67. 3±1. 3	16. 6±1. 1	97. 9±0. 1	78. 7±0. 9
9	17. 9±2. 9	7. 0±0. 5	56. 1±1. 1	39. 3±3. 9
10	21. 9±0. 8	8. 8±1. 2	23. 5±7. 4	9. 6±3. 6
11	27. 5±2. 7	7. 5±1. 7	86. 8±2. 2	99. 9±0. 3
12	28. 2±4. 2	14. 6±3. 2	40. 5±6. 0	100. 0±3. 0

注：三次重复的平均数和标准差，标准差 $Sd=\dfrac{\sqrt{S\bar{x_1^2}+S\bar{x_2^2}}}{加入 P_1}\times100\%$。

5.5 发表论文目录

(1) Zhang M Y，Wang K L，Chen H S. Dynamic Monitoring and Analysis of Water and Soil Erosion in the Karst Region based on RS and GIS：A Cases Study in Huanjiang County，Guangxi Province. Resources Science，2007，29 （03）：124－131.

(2) Zhang M Y，Wang K L，Liu H Y，et al. Heterogeneity of landscape pattern with elevation in karst area. Chinese Journal of Ecology，2008，27 （7）：1156－1160.

(3) Yang C H，Wang K L，Chen H S. Analysis on the Characteristic of LUCC in the Environment-forced Emigration Region of the Karst Southwestern China Based on RS & GIS-A Case Study of Huanjiang County in Northwest Guangxi. Journal of Basic Science and Engineering，2006，14 （2）：228－238.

(4) Yang C H，Wang K L，Chen H S，et al. Probing into the patterns of land use and protection in Karst region based on RS & GIS-A case study from Huanjiang County in Northwest Guangxi. Chinese Journal of Eco-Agriculture，2006，14 （4）：226－230.

(5) Kong X L，Wang K L，Chen H S，Zhang M Y，Li R D. A GIS based analysis of landscape spatial patterns and land use in Karst regions. Chinese Journal of Eco-Agriculture，2007，15 （04）：134－138.

(6) Kong X L. Study on Land Use Pattern Change and Its Driving Mechanism Based on RS & GIS in Karst Region-A Case Study of Hechi Areas in Northwest Guangxi. PhD Thesis. Changsha：Institute of Subtropical Agriculture，CAS，2006.

(7) Kong X L，Wang K L，Chen H S，et al. Canonical correspondence analysis of land-use change and socio-economic development in Hechi prefecture，Guangxi province. Journal of natural resources，2007，22 （1）：132－140.

(8) Luo J，Wang K L，Chen H S，et al. Analysis of Spatial Differences of Fragile Karst Eco-environment in Northwest of Guangxi Province. Research of Agriculture Modernization，2007，28 （6）：739－742.

(9) Zhang X N，Wang K L，Chen H S，et al. The quantitative assessment of eco-enviroment，vulnerability in karst regions of Northwest Guangxi. Acta Ecologica Sinica，2009，29 （1）：1－9.

(10) Luo J，Wang K L，Chen H S. Economic response of ecosystem service functions to landuse

changes in Karst region. Bulletin of Soil and Water Conservation, 2008, 28 (1): 19 – 24.

(11) Luo J. Ecosystem service evaluation and ecological function regionalization in karst region of northwest Guangxi. PhD Thesis. Changsha: Institute of Subtropical Agriculture, CAS, 2008.

(12) Luo J, Wang K L, Chen H S. Evaluation of agro-ecosystems in Karst Areas-A case study of Hechi Region of Guangxi Province, Chinese Journal of Eco-Agriculture, 2007, 15 (3): 165 –168.

(13) Wang K L, Su Y R, Zeng F P, et al. Ecological process and vegetation restoration in Karst region of southwest China. Research of Agricultural Modernization, 2008, 29 (6): 641 – 645.

(14) Chen H S, WANG K L. Soil water research in Karst mountain areas of southwest China. Research of Agricultural Modernization, 2008, 6 (29): 734 – 738.

(15) Zhang W, Chen H S, Wang K L, Zhang J G. Spatial variability of surface soil water in depression between hills in karst region in dry season. Acta Pedologica Sinica, 2006, 4 (43): 554 – 562.

(16) Zhang J G, Chen H S, Su Y R, Zhang W, Kong X L. Spatial variability of soil moisture in surface layer in depressed Karst region and its scale effect. Acta Pedologica Sinica, 2008, 45 (3): 544 – 549.

(17) Zhang J G, Chen H S, Su Y R, Wu J S, Zhang W. Spatial variability of surface moisture in depression area of karst region under moist and arid condition. Chinese journal of applied ecology, 2006, 12 (17): 2277 – 2282.

(18) Song T Q, Peng W X, Zeng F P, et al. Spatial heterogeneity of surface soil moisture content in dry season in Mulun National Natural Reserve in Karst area. Chinese journal of applied ecology, 2009, 20 (1): 98 – 104.

(19) Zhang J G, Chen H S, Su Y R, Zhang W, Kong X L. Vertical variability of soil moisture in the representative depression areas of Karst region. Bulletin of Soil and Water Conservation, 2008, 3 (28): 5 – 11.

(20) Zhang J G, Chen H S, Su Y R, Zhang W. Spatial variability of soil moisture on hill-slope in cluster-peak depression areas in Karst region. Transactions of the Case, 2006, 8 (22): 54 –58.

(21) Zhang J G, Chen H S, Su Y R, Zhang W, Kong X L. Spatial and temporal variability of surface soil moisture in the depressed area of Karst hilly region. Acta Ecological Sinica, 2008, 12 (28): 6334 – 6343.

(22) Fu W, Chen H S, Wang K L. Variability in soil moisture under five land use types in Karst hillslope territory. Chinese Journal of Eco-Agriculture, 2007, 5 (17): 59 – 62.

(23) Chen H S, FU W, WANG K L, et al. Dynamic change of soil water in peak-cluster depression areas of Karst mountainous region in Northwest Guangxi. Journal of Soil and Water Conservation, 2006, 4 (20): 136 – 139.

(24) Zhang J G, Su Y R, Chen H S, Zhang W. Spatial and temporal dynamics of soil moisture in the peak-cluster depression area of Karst region. Journal of Agro-Environment Science, 2007, 26 (4): 1432 – 1437.

(25) Fu W, Chen H S, Wang K L, et al. Time Series Analysis of Soil Moisture Dynamic Change on Hillslope in Typical Karst Peak-Cluster Depression Area. Journal of Soil and Water Conser-

vation，2005，4 (19)：111 - 115.

(26) Zhang J G，Su Y R，Chen H S，Zhang W. Dynamic change of soil moisture in Karst region of Northwest Guangxi Province. Bulletin of Soil and Water Conservation，2007，27 (5)：32 -36.

(27) Zheng H，SU Y R，He X Y，Huang D Y，Wu J S. Effects of land use on soil nutrient in peak-forest valley-a case study in Dacai village of Huanjiang county，Guangxi. Carsologica Sinica. 2008，27 (2)：177 - 181.

(28) Li X A，Xiao H A，Wu J S，Su Y R，Huang D Y，Huang M，Liu S L. Effects of land use type on soil organic carbon，total nitrogen，and microbial biomass carbon and nitrogen contents in Karst region of South China. Chinese journal of applied ecology，2006，17 (10)：1827 -1831.

(29) Wang X L，Su Y R，Huang D Y，Xiao H A，Wang L G，Wu J S. Effects of land use on soil organic C and microbial biomass C in hilly red soil region in subtropical China. Scientia Agricultura Sinica 2006，39 (4)：750 - 757.

(30) Li L，Xiao H A，Su Y R，et al. Effects of land use on the content of soil dissolved organic carbon in the typical landscape units in subtropical red earth region. Scientia Agricultura Sinica，2008，41 (1)：122 - 128.

(31) Yuan H W，Su Y R，Zheng H，Huang D Y，Wu J S. Distribution characteristics of soil organic carbon and nitrogen in peak-cluster depression landuse of karst region. Chinese Journal of Ecology. 2007，26 (10)：1579 - 1584.

(32) Zhang W，Chen H S，Wang K L，et al. The heterogeneity of soil nutrients and their influencing factors in peak-cluster depression areas of Karst Region. Scientia Agricultura Sinica，2006，39 (9)：1828 - 1835.

(33) Zhang W，Chen H S，Wang K L，et al. The heterogeneity and its influencing factors of soil nutrients in peak-cluster depression areas of Karst region. Agricultural Sciences in China，2007，6 (3)：322 - 329.

(34) Xu L F，Wang K L，Zhu H H，Hou Y，Zhang W. Effects of different land use types on soil nutrients in karst region of Northwest Guangxi. Chinese Journal of Applied Ecolog，2008，19 (5)：1013 - 1018.

(35) Zhang W，Chen H S，Wang K L，et al. Spatial variability of soil nutrients on hillslope in typical karst peak-cluster depression areas. Transactions of the CSAE，2008，24 (1)：68 - 67.

(36) Zhang W，Chen H S，Wang K L，et al. Effects of planting pattern and bare rock ratio on spatial distribution of soil nutrients in Karst depression area. Chinese Journal of Applied Ecology，2007，7 (18)：1459 - 1463.

(37) Zhang W，Chen H S，Wang K L，Hou Y，Zhang J G. Spatial variability of soil organic carbon and phosphorus in typical Karst depression，northwest of Guangxi. Acta Ecological Sinica，2007，27 (12)：1 - 8.

(38) Chen Z H，Wang K L，Chen H S，He X Y. Plant diversity during natural recovery process of vegetation in Karst environmental emigrant areas. Chinese Journal of Eco-Agriculture，2008，16 (3)：723 - 727.

(39) Zeng F P，Peng W X，Song T Q，Wang K L，et al. Changes in vegetation after 22 years' natural restoration in the karst disturbed area in Northwest Guangxi. Acta Ecologica Sinica，

2007，27（12）：5111-5119.

（40）Song T Q，Peng W X，Zeng F P，Wang K L，OuYang Z W. Vegetation succession rule andregeneration stratigies in disturbed Karst Area，Northwest Guangxi. Journal of Mountain Science，2008，26（5）：597-604.

（41）Peng W X，Wang K L，Song T Q，Zeng F P，Wang J R. Controlling and restoration models of complex degradation of vulnerable Karst ecosystem. Acta Ecologica Sinica，2008，28（2）：811-820.

（42）Zhu J，Zhang B，Tan Z L，Wang M. Research progress of clipping effect on quality and biomass of grazing. Pratacultural Science，2009，26（2）：80-85.

（43）Xu L L，Yu Y Z，Wang K L，Chen H S，Yue Y M. Effects by different human disturbances on hassock community soil seed bank in northwest Guangxi karst region. Carsologica Sinica，2008，27（4）：309-315.

（44）Wu H Y，Peng W X，Song T Q，et al. Changes of soil nutrients in process of natural vegetation restoration in Karst disturbed area in Northwest Guangxi. Journal of Soil and Water Conservation，2008，22（4）：143-146.

（45）Zhu S Y，Wang K L，Zeng F P，Zeng Z X，Song T Q. Characteristics of litterfall and nutrient return in secondary forest in karst region of northwest Guangxi. Ecology and Environmental Science，2009，18（1）：274-279.

（46）He X Y，Wang K L，Zhang W，et al. Positive correlation between soil bacterial metabolic and plant species diversity and bacterial and fungal diversity in a vegetation succession on Karst. Plant Soil，2008，307：123-134.

（47）He X Y，Wang K L，Xu L L，Chen H S，Zhang W. Soil microbial metabolic diversity and its seasonal variations along a vegetation succession in a karst area：a case study in southwest China. Acta Scientiae Circumstantiae，2008，28（12）：2590-2596.

（48）Zeng F P，Wang K L，Song T Q. The Karst ecovers recovery with artificial the performance research with the mountain area a natare. Journal of Mountain Science，2004，22（6）：693-697.

（49）Yu Y Z，Wang K L，Chen H S，Xu L L Fu W，Zhang W. Farmer's perception and response towards environmental migration and restoration plans based on participatory rural appraisal. Acta Ecologica Sinica，2009，29（3）：1-11.

（50）Yu R R，Wang K L. Status quo & outlook of sustainable development of Karst region in northwest Guangxi. Journal of Ecology and Rural Environment，2008，24（3）：7-11.

（51）Huang M，Su Y R，Huang D Y，Wu J S，Huang Q Y. An on-the-spot sampling and survey method for soil nutrient cycling study. Chinese Journal of Applied Ecology，2006，17（2）：205-209.

（52）Zhang J G，Su Y R，Chen H S，Zhang W，Lu Z，TAN J M, Spatial variability of soil moisture content and reasonable sampling number in cluster-peak depression areas of Karst Region. Journal of Soil and Water Conservation，2006，2（20）：114-117.

（53）Yue Y M，Wang K L，Zhang B，et al. Exploring the relationship between vegetation spectra and eco-geo-environmental conditions in karst region，Southwest China. Environmental Monitoring and Assessment，2008，1：133.

（54）Yue Y M，Wang K L，Zhang B，et al. Karst rocky desertification information extraction with

EO-1 Hyperion data. International Conference on Earth Observation Data Processing and Analysis（ICEODPA），Proc. of SPIE Vol. 7285，72854A：1 - 7.

(55) Yu Y Z，Wang K L，Chen H S. Adaptable landscape ecology design for Karst environmental emigration region. Research of Agricultural Modernization，2009，30 (1)：90 - 94.

(56) Peng H C，Xiao H A，Wu J S，et al. An indirect method for determination of soil total carbonate. Soils. 2006，38 (4)：477 - 482.

(57) Xiao H A，Wu J S，Su Y R，et al. Influence of extractant types and soil to solution ratios on the extraction of inorganic and organic phosphorus in upland soils of China. Chinese Journal of Soil Science，2006，37 (5)：936 - 940.

参考文献

张明阳，王克林，陈洪松. 2007. 基于 RS 和 GIS 的喀斯特区域水土流失动态监测与分析——以广西环江县为例. 资源科学. 29 (03)：124 - 131.

张明阳，王克林，陈洪松. 2008. 喀斯特区域景观空间格局随高程分异特征. 生态学杂志. 27 (7)：1156 - 1160.

杨春华，王克林，陈洪松. 2006. 基于 RS 与 GIS 的西南喀斯特环境移民区土地利用覆被变化特征分析. 应用基础与工程科学学报. 14 (2)：228 - 238.

杨春华，王克林，陈洪松. 2006. 基于 RS 和 GIS 的喀斯特地区土地利用与保护格局探讨. 中国生态农业学报. 14 (4)：226 - 230.

孔祥丽，王克林，陈洪松，等. 2007. 基于 GIS 的喀斯特地区土地利用景观空间格局研究——以广西壮族自治区河池市为例. 中国生态农业学报. 15 (04)：134 - 138.

孔祥丽. 2006. 基于 RS&GIS 的喀斯特地区土地利用格局变化及其驱动机制研究——以桂西北河池地区为例. 博士学位论文. 长沙：中国科学院亚热带农业生态所.

孔祥丽，王克林，陈洪松，等. 2007. 广西河池地区土地利用变化与社会经济发展水平关系的典范对应分析. 自然资源学报. 22 (1)：132 - 140.

罗俊，王克林，陈洪松. 2007. 桂西北喀斯特地区脆弱生态环境空间差异性分析. 农业现代化研究. 28 (6)：739 - 742.

张笑楠，王克林，陈洪松，等. 2009. 桂西北喀斯特区域生态环境脆弱性分析. 生态学报. 29 (1)：1 - 9.

罗俊，王克林，陈洪松. 2008. 喀斯特土地利用变化的生态服务功能价值响应. 水土保持通报. 28 (1)：19 - 24.

罗俊. 2008. 桂西北喀斯特地区生态服务功能价值评估与生态功能区划. 博士学位论文. 长沙：中国科学院亚热带农业生态所.

罗俊，王克林，陈洪松. 2007. 西南喀斯特区域农业生态系统评价研究—以广西河池地区为例. 中国生态农业学报. 15 (3)：165 - 168.

王克林，苏以荣，曾馥平，陈洪松，肖润林. 2008. 西南喀斯特典型生态系统土壤特征与植被适应性恢复研究. 农业现代化研究. 29 (6)：641 - 645.

陈洪松，王克林. 2008. 西南喀斯特山区土壤水分研究. 农业现代化研究. 6 (29)：734 - 738.

张伟，陈洪松，王克林，等. 2006. 喀斯特地区典型峰丛洼地旱季表层土壤水分空间变异性初探. 土壤学报. 43 (4)：554 - 562.

张继光，陈洪松，苏以荣，等. 2008. 喀斯特洼地表层土壤水分的空间异质性及其尺度效应. 土壤学报. 45 (3)：544 - 549.

张继光，陈洪松，苏以荣，等. 2006. 湿润和干旱条件下喀斯特地区洼地表层土壤水分的空间变异性. 应用生态学报. 17（12）：2277-2282.

宋同清，彭晚霞，曾馥平，等. 2009. 喀斯特木伦自然保护区旱季土壤水分的空间异质性. 应用生态学报. 20（1）：98-104.

张继光，陈洪松，苏以荣，等. 2008. 喀斯特典型洼地土壤水分的垂直变异研究. 水土保持通报. 28（3）：5-11.

张继光，陈洪松，苏以荣，等. 2006. 喀斯特峰丛洼地坡面土壤水分空间变异研究. 农业工程学报. 22（8）：54-58.

张继光，陈洪松，苏以荣，等. 2008. 喀斯特山区洼地表层土壤水分的时空变异. 生态学报. 28（12）：6334-6343.

傅伟，陈洪松，王克林. 2007. 喀斯特坡地不同土地利用类型土壤水分差异性研究. 中国生态农业学报. 5（17）：59-62.

陈洪松，傅伟，王克林，等. 2006. 桂西北岩溶山区峰丛洼地土壤水分动态变化初探. 水土保持学报. 4（20）：136-139.

张继光，苏以荣，陈洪松，张伟. 2007. 典型喀斯特峰丛洼地土壤水分时空动态研究. 农业环境科学学报. 26（4）：1432-1437.

傅伟，王克林，陈洪松，等. 2005. 典型峰丛洼地坡面土壤水分动态变化的时序分析. 水土保持学报. 4（19）：111-115.

张继光，苏以荣，陈洪松，张伟. 2007. 桂西北喀斯特区域土壤水分动态变化研究. 水土保持通报. 27（5）：32-36.

郑华，苏以荣，何寻阳，黄道友，吴金水. 2008. 土地利用方式对喀斯特峰林谷地土壤养分的影响——以广西环江县大才村为例. 中国岩溶. 27（2）：177-181.

李新爱，肖和艾，吴金水，等. 2006. 喀斯特地区不同土地利用方式对土壤有机碳、全氮以及微生物生物量碳和氮的影响. 应用生态学报. 17（10）：1827-1831.

王小利，苏以荣，黄道友，等. 2006. 土地利用对亚热带红壤低山区土壤有机碳和微生物碳的影响. 中国农业科学. 39（4）：750-757.

李玲，肖和艾，苏以荣，等. 2008. 土地利用对亚热带红壤区典型景观单元土壤溶解有机碳含量的影响. 中国农业科学. 41（1）：122-128.

袁海伟，苏以荣，郑华，等. 2007. 喀斯特峰丛洼地不同土地利用类型土壤有机碳和氮素分布特征. 生态学杂志. 26（10）：1579-1584.

张伟，陈洪松，王克林，等. 2006. 喀斯特峰丛洼地土壤养分空间分异特征及影响因子分析. 中国农业科学. 39（9）：1828-1835.

张伟，陈洪松，王克林，等. 2007. 喀斯特峰丛洼地土壤养分空间分异特征及影响因子分析. 中国农业科学（英文版）. 6（3）：322-329.

许联芳，王克林，朱捍华，侯娅，张伟. 2008. 桂西北喀斯特移民区土地利用方式对土壤养分的影响. 应用生态学报. 19（5）：1013-1018.

张伟，陈洪松，王克林，等. 2008. 典型喀斯特峰丛洼地坡面土壤养分空间变异性研究. 农业工程学报. 24（1）：67-73.

张伟，陈洪松，王克林，等. 2007. 种植方式和裸岩率对喀斯特洼地土壤养分空间分异特征的影响. 应用生态学报. 7（18）：1459-1463.

张伟，陈洪松，王克林，侯娅，张继光. 2007. 桂西北喀斯特洼地土壤有机碳和速效磷的空间变异性. 生态学报. 27（12）：1-8.

陈志辉，王克林，陈洪松，何寻阳. 2008. 喀斯特环境移民迁出区植物多样性研究. 中国生态农业学报. 16（3）：723-727.

曾馥平，彭晚霞，宋同清，王克林，等. 2007. 桂西北喀斯特人为干扰区植被自然恢复22年后群落特征. 生态学报. 27（12）：5111-5119.

宋同清，彭晚霞，曾馥平，王克林，欧阳资文. 2008. 桂西北喀斯特人为干扰区植被的演替规律与更新策略. 山地学报，26（5）：597-604.

彭晚霞，王克林，宋同清，曾馥平，王久荣. 2008. 喀斯特脆弱生态系统复合退化控制与重建模式. 生态学报. 28（2）：811-820.

朱珏，张彬，谭支良，王敏. 2009. 刈割对牧草生物量和品质影响的研究进展. 草业科学. 26（2）：80-85.

徐丽丽，于一尊，王克林，陈洪松，岳跃民. 2008. 不同人为干扰方式对桂西北喀斯特草丛群落土壤种子库组成与分布的影响. 中国岩溶. 27（4）：309-315.

吴海勇，彭晚霞，宋同清，等. 2008. 桂西北喀斯特人为干扰区植被自然恢复与土壤养分变化. 水土保持学报. 22（4）：143-146.

朱双燕，王克林，曾馥平，曾昭霞，宋同清. 2009. 桂西北喀斯特次生林凋落物养分归还特征. 生态环境学报. 18（1）：274-279.

何寻阳，王克林，张伟，等. 2008. 喀斯特地区植被不同演替阶段土壤细菌代谢与植被多样性和细菌真菌多样性的正相关关系. 植物与土壤. 307：123-134.

何寻阳，王克林，徐丽丽，陈洪松，张伟. 2008. 喀斯特地区植被不同演替阶段土壤细菌代谢多样性及其季节变化. 环境科学学报. 28（12）：2590-2596.

曾馥平，王克林，宋同清. 2004. 喀斯特山区火灾迹地自然与人工恢复效益. 山地学报. 22（6）：693-697.

于一尊，王克林，陈洪松，徐丽丽，傅伟，张伟. 2009. 基于参与性调查的农户对环境移民政策及重建预案的认知与响应. 生态学报. 29（3）：1-11.

余蓉蓉，王克林. 2008. 桂西北喀斯特区可持续发展现状评价与趋势预测. 生态与农村环境学报. 24（3）：7-11.

黄敏，苏以荣，黄道友，等. 2006. 土壤养分循环实地采样调查方法. 应用生态学报. 17（2）：205-209.

张继光，陈洪松，苏以荣，张伟，卢洲，谭江明. 2006. 喀斯特地区典型峰丛洼地表层土壤水分空间变异及合理取样数研究. 水土保持学报. 2（20）：114-117.

岳跃民，王克林，张兵，等. 2008. 探索喀斯特地区生态地质背景和植被光谱的关系. 环境监测与评价. 1：133.

岳跃民，王克林，张兵，焦全俊，于一尊. 利用EO-1 Hyperion高光谱数据提取喀斯特石漠化信息. 对地观测数据处理与分析国际会议，Proc. of SPIE Vol. 7285，72854A：1-7.

于一尊，王克林，陈洪松. 2009. 喀斯特环境移民区适应性景观生态设计. 农业现代化研究. 30（1）：90-94.

彭洪翠，肖和艾，吴金水，等. 2006. 土壤碳酸盐间接测定方法研究及其应用. 土壤. 38（4）：477-482.

肖和艾，吴金水，苏以荣，等. 2006. 提取剂和土水比对旱耕地土壤无机和有机磷的提取效应. 土壤通报. 37（5）：936-940.